中国人的情谊

王春瑜 著

生活·读书·新知三联书店

图书在版编目（CIP）数据

中国人的情谊／王春瑜著. —北京：生活·读书·新知三联书店，
2017.1
ISBN 978－7－108－05654－2

Ⅰ.①中…　Ⅱ.①王…　Ⅲ.①名人－生平事迹－中国
Ⅳ.① K820

中国版本图书馆 CIP 数据核字（2016）第 048875 号

封面题签　冯其庸
责任编辑　王振峰
装帧设计　蔡立国
责任校对　唐晓宁
责任印制　徐　方
出版发行　**生活·讀書·新知** 三联书店
　　　　　（北京市东城区美术馆东街 22 号　100010）
网　　址　www.sdxjpc.com
经　　销　新华书店
印　　刷　北京隆昌伟业印刷有限公司
版　　次　2017 年 1 月北京第 1 版
　　　　　2017 年 1 月北京第 1 次印刷
开　　本　880 毫米×1230 毫米　1/32　印张 8.625
字　　数　206 千字　图 25 幅
印　　数　0,001－7,000 册
定　　价　35.00 元
（印装查询：01064002715；邮购查询：01084010542）

目录

序　猿啼鹤鸣一样亲 ⋯⋯⋯⋯⋯⋯ 1

辑 一

第一节　学人自有真情在 ⋯⋯⋯⋯⋯⋯ 3

竹林七贤及嵇康与山涛的绝交 ⋯⋯⋯⋯⋯⋯ 3

师生之谊 ⋯⋯⋯⋯⋯⋯ 7

吴中四才子的深谊 ⋯⋯⋯⋯⋯⋯ 20

明末四公子的友情 ⋯⋯⋯⋯⋯⋯ 27

纳兰性德与顾贞观的千古绝唱 ⋯⋯⋯⋯⋯⋯ 31

鲁迅与师友、弟子 ⋯⋯⋯⋯⋯⋯ 34

郭沫若与瞿秋白 ⋯⋯⋯⋯⋯⋯ 55

第二节　英雄若是无儿女，青史河山更寂寥 ⋯⋯⋯⋯⋯⋯ 58

柳永与"吊柳会" ⋯⋯⋯⋯⋯⋯ 58

苏东坡与琴操 ⋯⋯⋯⋯⋯⋯ 59

严蕊与唐仲友 ⋯⋯⋯⋯⋯⋯ 62

义娼高三与杨俊 ⋯⋯⋯⋯⋯⋯ 64

冒襄与陈圆圆 ⋯⋯⋯⋯⋯⋯ 64

吴伟业、钱谦益等人与柳敬亭的交往 ……………… 66

张岱与义伶夏汝开 ……………… 71

杨云史与蒋檀青 ……………… 72

吴梅与鲜灵芝、蕙娘 ……………… 73

吴虞与娇寓 ……………… 76

第三节　佛门内外一线牵 ……………… 78

李白与僧、道 ……………… 78

杜甫与僧、道 ……………… 80

韩愈、李翱与僧、道 ……………… 81

苏轼与僧、道 ……………… 83

徐霞客与禅侣 ……………… 89

陈独秀、刘三、鲁迅等与苏曼殊 ……………… 93

经亨颐、夏丏尊、丰子恺、刘质平与弘一法师 ……………… 95

出家文人间的友谊 ……………… 98

第四节　衣冠不论纲常事，付予齐民一担挑 ……………… 104

东堂老 ……………… 104

草桥王翁及其他 ……………… 107

徐霞客与田夫野老 ……………… 108

第五节　世路崎岖难走马，人情反复易亡羊 ……………… 111

司马迁为李陵辩护 ……………… 111

马经纶救援李贽 ……………… 114

查继佐与吴六奇 ……………… 116

大刀王五与谭嗣同 ……………… 118

陈赓救护蒋介石、周恩来 ……………… 120

卖友 ···················· 122

辑　二

第一节　一阔脸就变，所砍头渐多 ···················· 137

打天下时的患难与共 ···················· 137

坐江山后的剪除政敌 ···················· 149

政局变化与君臣交谊 ···················· 154

第二节　天下安危系一身 ···················· 164

明初三杨的交谊与明初政局 ···················· 164

明末六君子的厚谊 ···················· 166

第三节　忠肝义胆在，千年孤臣泪 ···················· 169

岳飞与韩世忠的厚谊 ···················· 169

"岳家军"将领间的厚谊 ···················· 171

第四节　千古佳话将相和 ···················· 173

廉颇与蔺相如 ···················· 173

辑　三

第一节　海内存知己，天涯若比邻——留学生 ···················· 179

阿倍仲麻吕 ···················· 179

鲁迅 ···················· 181

郭沫若 ···················· 184

第二节　天涯海角传经人——高僧 ………………… 188

　　玄奘 ………………… 188

　　鉴真 ………………… 190

　　空海 ………………… 191

第三节　海内何妨存异己，且看西方传教人

　　　　——传教士 ………………… 194

　　利玛窦 ………………… 194

　　艾儒略 ………………… 198

　　汤若望 ………………… 200

　　大顺军、大西军与传教士 ………………… 201

第四节　大难临头见真情——患难之交 ………………… 206

　　救助漂人 ………………… 206

　　孙中山脱险 ………………… 208

　　聂荣臻救日本孤女 ………………… 209

　　抢救美军飞行员 ………………… 211

辑　四

第一节　相逢且莫推辞醉 ………………… 221

　　自拔金钗付酒家 ………………… 221

　　酒店新开在半塘 ………………… 226

第二节　寒夜客来茶当酒 ………………… 228

　　柴米油盐酱醋茶 ………………… 228

　　应缘我是别茶人 ………………… 231

茶坊面饼硬如砖 ······················ 234

台榭秋深百卉空 ······················ 236

立限回京取纸牌 ······················ 238

附 录

千秋自有名篇在 ···················· 245

《友论》 ················· 245

《广绝交论》 ···················· 253

《绝交书》 ···················· 257

序 猿啼鹤鸣一样亲

　　自从由猿进化成人，人便是作为社会群体而存在的。很难设想，一个离群索居、脱离了社会的人，能够长久地生活下去。因此，从本质上说，人的概念是抽象、空泛的，人类的概念才是具体、鲜活的。但是，人类无论是在茹毛饮血的野蛮时代，还是在如同经典作家所说的"披上温情脉脉的面纱"的中世纪的漫漫长夜，抑或是在可以登上月球、在太空遨游的高度文明的今天，人类中孤立的个人、家庭，甚至是一个小的群体、部落，面对变幻莫测的大自然，面对"人海阔，无日不风波"的社会，力量都是渺小的，这就需要别人的帮助，这就产生了人与人的交往，从而出现了交谊。我国古代的儒学信徒，曾经长期争论人性善恶的问题，这就是：人之初，性本善，还是性本恶？各执一词，聚讼纷纭。笔者作为后生小子，又何敢置一词。但是，举手的权力毕竟还是明摆着的，因此，我拥护这样的说法：人之初，性本善。人类的本质应当是善良的，至于后天的"近朱者赤，近墨者黑"，固然也是重要的，但毕竟是第二位的因素。人类的绝大多数，都是善良的、乐于助人的，这是人类得以交往、结成友谊的共同基础。

　　作为礼仪之邦，我国有五千年的中华文明。"有朋自远方来，不亦乐乎？""仁者爱人""四海之内皆兄弟也"，这些儒学名言，世世代代在国人的精神生活中打上深深的烙印，对国人形成具有仁爱之心、重视友谊的优良传统具有重要作用。汉朝人有诗曰："采葵莫伤根，伤根葵不生。结交莫羞贫，羞贫友不成。"（《古诗源》卷四）这反映了不论贫富人们对真挚友谊的向往。但是，总体上看，这样的向往，毕竟是一种梦想。

何以故？一句古老的民谚，早已给出了回答："穷在闹市无人问，富在深山有远亲。"在阶级社会，人类的交往终究要打上阶级的烙印。所谓"物以类聚，人以群分"，人类的各种群体，是由不同阶级阶层，不同利益群体，不同政治圈、文化圈等组成的，因此他们的交谊，往往涂上各种色彩的政治油漆，印上了特殊标记。因此，若细说古往今来各色人等的交谊，正像一句俗话所说的那样：一部"二十四史"，不知从何说起！但是，倘若我们仔细观察，就不难发现：若宏观地从交谊的角度来看"二十四史"，无非是一些人一阔脸就变，一些人未阔脸已变，一些人阔了脸不变，大多数人从未阔过，也无所谓变脸。

第一种人，以某些封建帝王为典型。颇有些流氓气的汉高祖刘邦，以及少年时当过小和尚、浪迹江湖时沾染上游民阶层恶习、当了皇帝老子又处处学刘邦样的明太祖朱元璋，堪称是其中极坏的榜样。遥想当年，这二位和穷哥们儿把脑袋别在裤腰上打江山时，是何等意气风发，义薄云天，真是出生入死、同甘共苦、情同手足。可是，曾几何时，当他们打下江山，坐稳了第一把交椅，很快就脸色大变，把弟兄们看成是"功狗"。你看，一进入"狗"类，可不是好兆头："狡兔死，走狗烹！"事实正是这样。刘邦和他的管家婆吕后，残酷杀害了多少功臣！我至今不信韩信谋反的鬼话。他要谋反的话，早在兵权重握时就反了。说梁王彭越谋反，更是冤哉枉也。然而，韩信被"夷三族"，彭越竟被制成肉酱，遍赐诸侯，何其毒也！至于朱元璋炮打功臣楼，人们更是耳熟能详；他把七十七岁（书中年岁多为虚岁——编注）的老元勋李善长牵扯到胡惟庸冤案中，杀了李善长和妻女弟侄家七十余口人，何等令人扼腕不平！由此可见，在刘邦、朱元璋之流的大字典里，所谓"交谊"二字，不过是利用、屠戮而已。至于第二种人，历代的文痞、走卒最为典型。每当统治者要迫害忠良时，总会有一帮人"一犬吠影，百犬吠声"，卖友求荣。

而第三种人，如苏轼，名满天下后，依然为人随和，与和尚、道士、妓女、乡下百姓往来如初，其中有些人还成了他的莫逆之交；又如鲁迅，成为新文学的旗手、一代青年的导师后，甘心当青年的"人梯"，与他们交友，给他们以帮助，甚至与学生一起外出旅行时，替学生捆行李、打铺盖，被他的学生比喻为耶稣替门徒洗脚。这是何等崇高的品格！

而最后一种人，也就是小民百姓，他们之中绝大多数人的友谊，是纯真无私的。"衣冠不论纲常事，付予齐民一担挑"，这两句古诗，不妨改为"昏君不论交谊事，付予齐民一担挑"。当然，这也是大体而论——大体！且看书中大西南穷山沟里、荒岭野寺中那些蚩蚩小民，许多人一字不识，却满腔热忱地招待徐霞客，为他解决种种困难。应当说，自古以来，人民大众才是交谊的主体。从交谊这个角度，称他们是"民族的脊梁"，也是当之无愧的。

回顾国人的传统交谊，其最大特点应是宽容。古人有"猿鹤相亲"之说，这特别耐人寻味。猿与鹤，分属不同种类，但它们却能在蔚蓝的晴空下、苍松翠柏间，相安无事，甚至猿啼鹤鸣，状甚亲密。人群之中，又何尝无此现象！清初大儒、思想家顾炎武，很有民族气节，明朝灭亡后，他始终不仕清朝，以遗民布衣之身，终老山西曲沃。但是，这并不妨碍他曾经十八次进北京，与他的三个外甥——清朝的新贵徐乾学、徐秉义、徐元文往来，也不妨碍他与别的清朝官员往来。更有甚者，顾炎武与曹溶频繁往来，聚会香山，共游雁门，同饮大名等。曹溶在明朝任御史，投降清朝后又做御史、广东布政使、山西按察副使等高官，名声不佳，后来入了《清史》"贰臣传"，但两人保持了二十年的友谊。顾炎武逝世后，曹溶作《哀顾宁人殁于华阴》诗："朔风栗冽未曾停，吹落关南处士星。车马未酬秦筑愤，文章足浣瘴云腥。贞心慢世冰花洁，异物摧人鹏鸟灵。幽魂故园招未得，只随华岳斗青荧。"深情厚谊，溢于言表。（美籍华人学者谢正光根据稀见本曹溶诗集《静惕堂诗集》和其他史料，作《顾炎武、曹溶论交始末——明遗民与清初大吏交游初探》，言此事甚详。足见传统的顾炎武北上秘密抗清说，无异痴人说梦。）虽然顾炎武在自己的诗文集中，不收与曹溶往来的书信、唱和的诗句，但他与曹溶深交二十年，却是不争的事实。

又如冒襄，也拒绝与清王朝合作，晚年甚为贫困，但他广泛交结的朋友中，也有不少清朝高官。再以近人而论，陈独秀与胡适在"五四运动"后分道扬镳，政治立场完全不同，但陈独秀被国民党逮捕入狱后，胡适也曾积极关心、帮助过陈独秀。凡此都足以表明，不同政治色彩的人，也可以往来、交友，只要不干有损于国家、民族的坏事，彼此往来，绝对不等于同流合污，更无需划清界限。由此可知，极左年代里的"六亲不认""划清阶级界限""站稳阶级立场"云云，实在有悖于中华民族交谊的优良传统；而一人落难，家属立刻遭殃，更与国人的交谊传统格格不入。

从历史上看，国人一向重视交谊，各种史料里有关交谊的记载，不可胜记。清初陈梦雷编《古今图书集成》时，内设《交谊典》，分师生、同学、同事、宾主、乡里、交际、世态等三十七部，搜罗资料不少，但仍有挂一漏万之感。而更重要的是，今天我们论述交谊，需要立足于时代的高山之上，去审视过往，以新的架构去诠释"昨夜星辰昨夜风"。本书便是这样的尝试之作（前人尚无《交谊志》专书面世），述人述事，原则上除个别的例子，不述及今人（1949 年以后）之交谊。这是因为，历史需要沉淀。今人的交谊，由后世人来论评，才能比较客观、公正。

中国人的情谊

辑

一

第一节　学人自有真情在

竹林七贤及嵇康与山涛的绝交

一般说来，竹林七贤指阮籍（210～263）、嵇康（223～263）、山涛（205～283）、刘伶、阮咸、向秀（约227～272）、王戎等魏晋之际的七位名士。史载，嵇康"寓居河内之山阳县，与陈留阮籍、籍兄子咸、琅邪王戎、沛人刘伶、河内山涛、河南向秀相友善，游于竹林，号为七贤"[1]。他们过从甚密，交谊深厚，经常一起在山阳（今河南修武县）竹林中聚会，陶醉在水光山色、修篁翠叶中，饮酒清谈，乐而忘返。所谓清谈，又称谈玄，它是作为汉末已沦为烦琐荒诞、谶纬迷信的儒学的对立思想体系而出现的。同时，汉末以来，北方战乱不止，经济凋敝，生产力水平低下，原始的自然经济抬头，道家气息随之越来越浓重，因而老庄思想便日趋活跃；此外，魏晋之交，封建统治者为最高政治权力的再分配，互相残杀，风波迭起，使不少士大夫和门阀贵族感到朝不保夕，他们需要摆脱令人窒息的政治气候，从远离现实世界尘嚣的玄虚的老庄哲学中去寻求精神寄托。《晋书·阮籍传》说阮籍"本有济世志，属魏晋之际，天下多故，名士少有全者，籍由是不与世事"，道出了他遁迹竹林、醉心于玄学的部分原因。我们从他的《咏怀诗》第三首，也不难窥知其中消息："嘉树下成蹊，东风桃与李。秋风吹飞藿，零落从此始。繁华有憔悴，堂上生荆杞。驱马舍之去，去上西山趾。
一身不自保，何况恋妻子。凝霜被野草，岁暮亦云已。"

　　看来，他们清谈的重要内容，是关于宇宙的生成问题。嵇康、
阮籍等认为，宇宙万物是由元气构成的，是一种和谐的自然状态；
而以儒教为代表的名教，是和自然对立的，因此他们崇尚自然，反
对名教。嵇康公开说自己"每非汤武而薄周孔"（《与山巨源绝交
书》），指斥"六经未必为太阳"[2]，阮籍也自称"礼岂为我设耶"，
甚至公然"见礼俗之士，以白眼对之"。（《晋书·阮籍传》）他主张
"无君而庶物定，无臣而万事理。……君立而虐兴，臣设而贼生"，
对礼法之士极尽讽刺之能事，说他们好比裤裆里的虱子，"逃乎深
缝，匿乎坏絮，自以为吉宅也。行不敢离缝隙，动不敢出裤裆，自
以为得绳墨也。饥则啮人，自以为无穷食也。然炎丘火流，焦邑灭
都。群虱死于裤中而不能出也。汝君子之处域内，何异夫虱之处裤
中乎？"[3]

　　共同的理想与情趣，使竹林七贤走到一起，结下深厚的友谊。
以嵇康而论，他与阮籍是莫逆之交。阮籍的母亲去世，嵇康之兄嵇
喜前来吊唁，阮籍鄙视他依附司马氏，不屑一顾，对他大翻白眼，
嵇喜下不了台，只好低头走开。但不久嵇康携酒挟琴造访，阮籍却
非常高兴，以青眼视之。以至直到今天，口语中为表示感谢某人重
视、照顾自己，往往说"承蒙青及"云云。向秀，字子期，河内怀
（今河南武陟县西南）人。向秀对庄子有精深的研究，为嵇康所折
服，二人极相投。有时嵇康在大树下锻铁，向秀即替他拉风箱，配
合默契。他们在学问上互相切磋，有时观点相左，著文驳难，但
友情更深。如嵇康厌恶司马氏的专制政权，想从出世中寻求精神解
脱，追求长寿之法，曾作《养生论》，[4]说"神仙禀之自然，非积
学所致，至于导养得理，以尽性命，若安期、彭祖之伦可善求而得

之"。向秀不同意嵇康的看法，特作《难养生论》，说"夫人含五气
而生，口思五味，目思五色，感而思室，饥而求食，自然之理也，
但当节之以礼"。显然，向秀的看法，与嵇康差不多是针锋相对的，
但他们却能求同存异。向秀与嵇康的友情，即使用山高水长来形
容，也不足以表达于万一。嵇康被司马昭残酷杀害后，向秀痛苦至
极，后来他到山阳嵇康的旧居去凭吊，写了一篇感人肺腑的《思旧
赋》。赋前有小序。谓：

> 　　余与嵇康、吕安[5]居止接近，其人并有不羁之才……其
> 后各以事见法。嵇博综技艺，于丝竹特妙，临当就命，顾视日
> 影，索琴而弹之。余逝将西迈，经其旧庐。于时日薄虞渊，寒
> 冰凄然。邻人有吹笛者，发声寥亮，追思曩昔游宴之好，感音
> 而叹，故作赋云：
> 　　……经山阳之旧居。瞻旷野之萧条兮，息余驾乎城隅。践
> 二子之遗迹兮，历穷巷之空庐。叹黍离之愍周兮，悲麦秀于殷
> 墟。……昔李斯之受罪兮，叹黄犬而长吟[6]，悼嵇生之永辞兮，
> 顾日影而弹琴。托运遇于领会兮，寄余命于寸阴，听鸣笛之慷慨
> 兮，妙声绝而复寻。停驾言其将迈矣，遂援翰而写心。[7]

　　向秀通过序言和正文，对亡友嵇康予以高度的赞扬和深切的怀
念，含蓄而又十分巧妙地揭露了司马氏统治集团的凶残，字里行
间，凝聚着血泪。写这样的文章，在政治上是要冒很大风险的。向
秀对嵇康的深情厚谊，在此得到充分的体现。[8]
　　嵇康为什么会被司马昭杀害？这涉及两个人：吕安（？～262）
与钟会（225～264）。吕安是嵇康的好友，后来吕安被其兄诬告不
孝、挝母成罪，牵连到他，蒙冤下狱。嵇康在牢房里悲愤难禁，写

下《幽愤诗》，仰天长叹："……皇皇灵芝，一年三秀。予独何为，有志不就！"（《古诗源》卷六）但是，将他置于死地的，还是钟会。钟会是司马昭的党羽，与吕安的哥哥关系密切。钟会曾经带着随从去察看嵇康的动向，见面后，嵇康对他不屑一顾，奚落他说："何所闻而来，何所见而去？"钟会悻悻然地回答："有所闻而来，有所见而去。"后来，他向司马昭进谗言，说嵇康、吕安"言论放荡，非毁典谟，帝王所不宜容，宜因衅除之，以淳风俗"，并诬告嵇康要帮助毌丘俭谋反。司马昭遂将嵇康、吕安一并杀害。临刑前，太学生三千人为嵇康求情，但丝毫未能打动司马昭残忍的心。由此我们知道，当时的政治形势是多么严酷。司马氏在与曹氏集团的斗争中获胜，是拥护还是反对司马氏政权，是士大夫面临的政治抉择。

竹林七贤也不例外。在严峻的政治现实面前，山涛、王戎采取了与司马氏合作的态度。山涛的妻子与司马懿的妻子宣穆皇后是表姊妹。因有这层关系，山涛去拜见司马师时，司马师命司隶举秀才，除郎中，后官运亨通，受到司马昭的高度信任。山涛原本是嵇康的好友，他曾对其妻说，能够成为他的挚友者，只有嵇康与阮籍。山涛在升任散骑常侍后，原来担任的选曹郎的官职便空缺，他觉得这个职务很重要，便推荐嵇康担任。嵇康认为这是对他的侮辱，是与他的政治态度水火不容的，因而愤怒地写下中国文学史上的不朽佳作《与山巨源绝交书》：

　　……夫人之相知，贵识其天性，因而济之。……今但愿守陋巷，教养子孙，时与亲旧叙离阔，陈说平生，浊酒一杯，弹琴一曲，志愿毕矣……若吾多病困，欲离事自全，以保余年，此真所乏耳，岂可见黄门而称贞哉！若趣欲共登王途，期于相致，时为欢益，一旦迫之，必发其狂疾，自非重怨，不至于此也。野人有脍炙背而美芹子者，欲献之至尊，虽有区区之意，亦已疏矣。愿足下勿似之。其意如此，既以解足下，并以为别。嵇康白。[9]

政治立场的严重分歧，终于使嵇康与山涛分道扬镳。此后嵇康是否真的与山涛断绝了一切往来，难于稽考。但他临刑时，在生命的最后时刻，却深情地对儿子嵇绍说："巨源在，汝不孤矣。"他相信自己死后，山涛会照顾他的儿子，可见他的内心深处，仍然是把山涛看成要好的朋友的，并不因政见不同而影响他与山涛的友情。此后，嵇绍得到山涛的推荐，被晋武帝任为秘书丞，历任诸职，后拜侍中。荡阴之败，嵇绍以身护卫晋惠帝而死，成为晋室忠臣。嵇康未看错山涛之为人，而这样的情谊又是多么可贵。

师生之谊

孔子师徒

我国素有尊师重道的传统。至迟在明末清初，家家户户开始供奉"天地君亲师"的牌位。[10]师生之谊，佳话频出。

孔子是平民教育的祖师爷，桃李满天下。七十二贤人，大概是其中的代表人物。孔子与他们的关系，如父子，如兄弟，真可谓莫逆之交。颜回家境贫寒，居蓬门陋巷，食不果腹，却立志苦读，不断向孔子问学。孔子表扬他在艰难的生活环境中"不改其乐"，要别的弟子向他学习。子路好勇，身强力壮，有武功在身，成了孔子的义务警卫员，忠心耿耿。孔子本来经常遭到小人的辱骂、攻击，"恶声不绝于耳"，自从有了子路这个好学生、小兄弟之后，小人不敢再在孔子面前放肆，他的耳根清净多了。

孔子生前始终不得志，周游列国，到处漂泊，"惶惶如丧家之犬"[11]，十四年间，颠沛流离，经历了许多艰难困苦。孔子被迫从卫国去陈国时，途中经过匡（今河南长垣县西南）地，因匡人误把他当成残害过他们的阳虎，被围攻了五天；在陈、蔡边界，陈、蔡两国的掌权大夫都派了一些服劳役的人去围困他，使他陷入绝粮的困境；齐国大夫想害他，宋国的司马桓魋想杀他；如此等等。但是，孔子始终没有灰心丧气，甚至在身陷危境时，仍诵诗、唱歌、弹琴。其中一个很重要的因素，是他的弟子们始终不改初衷，追随左右，保护他，安慰他，他从弟子们身上，吸取了精神力量；当然，他也反复教诲弟子，"君子固穷"，君子即使陷入困境，仍能坚持操守，而小人陷入困境，什么事都做得出来。正是在逆境的种种磨难中，孔子与弟子们的情谊，经受了严峻的考验，为后世所师法。

程门立雪

师生之谊的基础，是彼此尊重，教学相长。当然，前提是尊师。"程门立雪"的故事，堪称典型。

所谓程门，是指宋代理学家程颐（1033～1107），字正叔，世称伊川先生。其兄程颢（1032～1085），字伯淳，世称明道先生。这就是中国思想史上著名的"二程"，又因地域故，其学被称为"洛学"。他们和另一位理学权威朱熹（1130～1200），成为一大学派之首，号称"程朱"。二程的思想基本一致，小程自己也说他"与大哥之言无殊"。在认识论上，他们都对理给出了唯心主义的解释，并以此作为哲学的最高范畴。不过，他们在对理的解释上，毕竟是有差别的。大程较多地强调内心静养，不太重视外知。而小程比较强调由外知以体验内知，也就是由外界的格物，以达到致知的过程。后来朱熹正是沿着小程的方向，发展出庞大的客观唯心主义的思想体系。在政治思想方面，二程倾向于唐代中叶以前中国封建社会前期的某些制度，重视门第，赞同荐举制，反对王安石（1021～1086）变法。

二程当时具有很大的社会影响，有不少弟子。其中有两位，叫杨时（1053～1135）、游酢（1053～1123）。杨、游二人，原先拜程颢为师，程颢去世后，他们虽然都已年逾四十，而且都已考中了进士，有了相当的社会地位，但他们并不以此为满足，继续求学，去拜见程颐。当他俩来到程家时，正巧此公在假寐。杨、游二人见状，非常恭敬地垂手侍立一旁，一声不吭，等候老夫子睁开眼来。一直等了好久，程颐才睁开眼。此时正值隆冬，不知从何时起，瑞雪纷纷，已积下一尺多深。[12] 从此，"程门立雪"的故事不胫而走，后来朱熹在《朱子语录》中也予以记载，更扩大了这个故事的影响。程颐后来对他俩教诲不倦显然是被杨、游的求学诚心所感动。杨时、游酢各有建树，杨时成就更大，把二程思想传播至江西、福建，并创立闽学这一学派。程颐曾对坐客很自豪地说："吾道南矣。"程颐去世后，杨时著《中庸义》，在《序》中深情地回忆说：

> 予昔在元丰中，尝受学明道先生之门，得其绪言一二，未及卒业而先生殁。继又从伊川先生。未几先生复以罪流窜涪陵，其立言垂训为世大禁，学者胶口无敢复道……追述先生之遗训，著为此书，以其所闻，推其所未闻者，虽未足尽传先生之奥，亦妄意其庶几焉。

杨时冒着政治风险，继承、光大老师的学术，难能可贵。杨时还精心编辑二程的精彩言论为《二程粹言》二卷，后来收入《河南二程全书》，对宣传二程思想起了重要作用。可以说，这是他献给已故老师的最好礼物，"程门立雪"结下的师生情谊，确实像雪那样洁白明澈。

倪瓒、左光斗、史可法

倪瓒（1301～1374），字元镇，号云林子，无锡梅里人，元末著名画家。"酷好读书，尊师重友。"[13]巩昌王文友，刻苦攻读，誉闻乡里，倪瓒之兄倪文光，特地聘请他教授倪瓒和另一位弟弟。王文友"老而无嗣"[14]，倪瓒已经家道中落，仍勉力供养，视同家中长辈。王文友卒后，他料理后事，买油杉棺葬于芙蓉峰旁。下葬那天，无锡"士友皆至"[15]，可谓隆重。作为江南高标拔俗的一代名士倪瓒，能如此对待老师，难能可贵。

明末左光斗（1575～1625）、史可法（1602～1645）的师生情谊，更是感人肺腑。

左光斗，字遗直，一字共之，号浮丘，人称沦屿先生，安徽桐城人。万历三十五年（1607）进士，授御史。左光斗在视学京畿时，有一天，风雪严寒，他带了几名随从，骑马微行，走到一座古庙，便进去避风雪。只见庑下一个书生正在伏案而睡，案旁放着一篇刚刚写好的文章。左光斗悄悄拿起这篇文章看，读毕，即脱下自己身上的貂皮外套，盖在这个书生身上，并给他关好门。他向寺僧打听，此人是谁？和尚告诉他：这是大兴书生史可法。等到会试时，书吏喊到史可法的名字，左光斗审阅了他送上的试卷，即面署第一。他将史可法召入，让他拜见自己的妻子，说："我的几个孩子都碌碌无能，将来能继承我的抱负、事业的，只有这位学生了！"对史可法寄予无限希望。后来的事实证明，史可法没有辜负左光斗的期望。

天启五年（1625），发生了"杨左六君子事件"，也就是杨涟、左光斗等"六君子"关在诏狱受尽迫害的政治事件。其余四位是魏大中、袁化中、周朝瑞、顾大章。他们原来分别担任副都御史、佥都御史、给事中、御史、太仆寺少卿、陕西副使之职,这时均已罢官。起先,阉党头子魏忠贤拉大旗作虎皮,捏造罪名,把杨涟等六人拖到天启初年曾任内阁中书的汪文言冤案中,捕入诏狱。后来又进一步下毒手,"坐纳杨镐、熊廷弼贿,则封疆事重,杀之有名"[16]。这样,杨涟等人就被分别诬陷为接受杨镐、熊廷弼贿赂,导致明军在关外与后金(清)之战中丧师辱国的可怕罪名(按:熊廷弼的被杀,也纯属冤案)。"六君子"在狱中受到残酷的拷打、虐待,一个个都惨死于狱中。[17]

在左光斗下诏狱后,史可法早晚都守在狱门之外,但阉党防备甚严,难以入狱中探视。后来,他听说左光斗被炮烙,危在旦夕,心忧如焚,便拿出五十两银子,向看守监狱的士兵哭诉,允许他探望左光斗,士兵被感动。有一天,他让史可法换上破衣服,穿上草鞋,背上柳条筐,手拿长铲,俨然一个掏粪工,引至狱中左光斗处。史可法只见老师席地倚墙而坐,面额焦烂难以辨认,左膝以下筋骨都脱落了。史可法跪在左光斗面前,抱住其膝盖哭泣,左光斗听出是史可法的声音,而眼睛又无法睁开,大怒道:"这是什么地方! 而你竟来到这里,国事败坏到这种地步,老夫已经完了,你还轻身而不顾大义,天下事谁还能担当! 不快去,不要等奸人构陷,我今天就扑杀你! "说着便摸地上刑具,作投击的样子。史可法一声不敢吭,赶紧走出大牢,后来经常流着眼泪对人说:"吾师肺肝,皆铁石所铸造也。"[18]明朝灭亡后,史可法在南明抗清斗争中,时时不忘左光斗的教诲,行军途中,路过桐城时,必定到左光斗家中问候太公、太师母起居,拜左夫人于堂上。后在扬州以身殉国,与左光斗先后辉映,同垂不朽。

顾炎武的《广师篇》

孔子曾经教导他的弟子，"三人行，必有我师焉。择其善者而从之，其不善者而改之"；有过失不要怕改正，"过而改之，不是过也"，"过而不改，是谓过矣"。这在实际上是提倡"广师"，也就是广泛地拜能者为师。中国历史上不少有杰出成就的大学者，正是这样做的。明末清初的思想家、大学者顾炎武（1613～1682），曾经写过一篇名文《广师篇》，谓：

> 茗文汪子刻集，有《与人论师道书》，谓："当世未尝无可师之人，其经学修明者，吾得二人焉，曰：顾子宁人（按：即顾炎武），李子天生。其内行淳备者，吾得二人焉。曰：魏子环极，梁子曰缉。"炎武自揣鄙劣，不足以当过情之誉，而同学之士，有茗文所未知者，不可以遗也，辄就所见评之：夫学究天人，确乎不拔，吾不如王寅旭；读书为己，探赜洞微，吾不如杨雪臣；独精三礼，卓然经师，吾不如张稷若；萧然物外，自得天机，吾不如傅青主；坚苦力学，无师而成，吾不如李中孚；险阻备尝，与时屈伸，吾不如路安卿；博闻强记，群书之府，吾不如吴任臣；文章尔雅，宅心和厚，吾不如朱锡鬯；好学不倦，笃于朋友，吾不如王山史；精心六书，信而好古，吾不如张力臣。至于达而在位，其可称述者，亦多有之，然非布衣之所得议也。[19]

这里，我们不仅清楚地看出顾炎武的虚怀若谷，更重要的是我们得以了解，他是以哪些好友为师的。这些他所崇敬的师友，大部分都是北方人，是他从顺治十四年（1657）远游北方以避祸的二十五年间陆续认识的。如万寿祺、任子良、程先贞、张尔岐、徐东痴、马骕、刘孔怀、阎若璩、傅青主（1607～1684）、李因笃、王宏撰、李中孚等人。其中除了徐东痴以诗鸣于时，李中孚专攻理学外，其他人均淹贯经史，是清初北方学界的群星。顾炎武与他们相互切磋，使自己耳目一新，扩大了视野，纠正了自己著作中的许多错误。如在山东时，唐任臣、张尔岐对音韵、三礼的研究，给他很大启发；在太原时，阎若璩为他的重要著作《日知录》精心订正。[20]顾炎武的绝大部分著作，都撰于北方，如《日知录》《音学五书》《山东考古录》《孤中随笔》《区言》《谲觚》等。而像《天下郡国利病书》《肇域志》等传世巨著，虽然在北游前已经动笔，但补充修改，成其大端，仍在北游之后。[21]他在北方之所以能取得如此巨大的学术成就，一个很重要的原因，是得到了上述一大批师友的帮助。若没有他们的诚挚的友谊，顾炎武划时代的学术成就，肯定是要大为逊色的。

梁启超、章太炎、胡适的师生情义

近代鸿儒梁启超（1873～1929）、章太炎（1869～1936）、胡适（1891～1962）等人的师生情义，也是很感人的。

梁启超年轻时在万木草堂受业于康有为（1858～1927），从他那里接受了今文经学的启蒙教育，懂得了变法图存的改良主义的救国之道，康有为是影响他一生的恩师。梁启超回忆当年求学的情景时说："启超年十三，与其友陈千秋同学于学海堂……越三年，而康有为以布衣上书被放归，举国目为怪；千秋、启超好奇，相将谒之，一见大服，遂执业为弟子，共请康开馆讲学，则所谓万木草堂是也。"[22]民国建立后，康有为仍然充当保皇派，图谋清室复辟，梁启超在政治上即与康有为分道扬镳。但是，当康有为逝世后，梁启超尽管在天津已经辗转病榻，还是扶病及时赶到北京，为康有为设祭，并在著作中高度评价康有为的学术成就。当然，他很注意实事求是，并无谀词。其实，早在康有为还健在时，梁启超即写道："有为以好博好异之故，往往不惜抹杀证据或曲解证据，以犯科学家之大忌，此其所短也。有为之为人也，万事纯任主观，自信力极强，而持之极毅；其对于客观的事实，或竟蔑视，或必欲强之，以从我……其所以自成家数崛起一时者以此，其所以不能立健实之基础者亦以此；读《新学伪经考》而可见也。"[23] 真可谓"知康有为者，梁启超也"。

梁启超与自己弟子的情谊，同样是很深厚的。蔡锷（1882～1916）是梁启超在长沙时务学堂担任主讲时的学生，梁启超说他在四十名学生中，"称高才生焉"[24]。后来蔡锷留学日本士官学校，归国后在江西、湖南、广西、云南训练新军，擢云南三十七协协统。1911年武昌起义爆发，与云南讲武学堂总办李根源在昆明起义，建立军政府，任云南都督。1913年，袁世凯将他调至北京，授将军，不久又委以经界局督办，但暗中却加以监视。袁世凯称帝的图谋日益公开化后，梁启超曾冒着很大风险，与蔡锷"密议倒袁"[25]，后来精心策划蔡锷逃出北京，改名换姓，取道越南回云南。抵昆明的第二天，就出任讨伐袁世凯的护国军总司令；而梁启超则秘密去广西，说服陆荣廷起义，并自称总参谋。在反袁斗争中，梁启超、蔡锷师生，患难与共，舍生忘死。蔡锷病逝日本后，梁启超备感哀痛，著文纪念，并在著述中多次写到蔡锷。直到蔡锷逝世十周年时，仍亲自至北海公园参加纪念活动。

20世纪20年代，梁启超在清华大学国学研究院担任导师，培养了一大批历史学家，成为近代第二代史学家中的中坚。如陈守实教授，即为他的高足之一。陈守实先生对梁启超十分崇敬，把梁氏所辑明遗民、海外孤忠朱舜水（1600~1682）联语"气恒夺而不靡，志恒苦而不弛"作为座右铭，潜心史学，刻苦钻研。由他亲自指导守实先生完成的毕业论文《明史稿考证》，以大量确凿的证据，证明此书是万斯同的心血之作，而为王鸿绪剽窃、篡改。梁氏仔细审读了这篇文章后，在文稿封面写下评语："此公案前贤虽已略发其覆，然率皆微词，未究全谳。得此文发奸摘伏，贞文先生（按：万斯同死后，门人私谥曰贞文先生）可瞑于九原矣。然因此益令人切齿于原稿之淹没，其罪与杀人灭尸者同科也。十五年十二月廿一日启超阅竟记。"[26]梁氏与陈先生情谊深厚。陈先生在研究院求学期内写的日记中，曾惊叹"任师天资英发，在不可思议间，非学力所关也"。后来，梁氏因患便血病到协和医院治疗及随后在天津家中休养期间，陈先生都曾数次前往探视，聆听教诲，见梁病状，忧心如焚。梁氏在病中嘱陈先生办的事，他都尽力完成。如王国维（1877~1927）在昆明湖自沉后，陈先生受梁氏之托与其他弟子一起，向研究院导师募捐，陈寅恪（1890~1969）等都积极响应，筹足一大笔钱，给王国维立碑。陈先生在清华研究院毕业后，去天津南开中学任教，也是由梁氏亲自安排的。梁氏还在病中书赠守实先生对联，集自温飞卿的《更漏子》、苏长公的《念奴娇》、牛希济的《生查子》、秦少游的《庆宫春》。全文是："漱石仁弟乞写旧集词句：春欲暮，思无穷，应笑我早生华发；语已多，情未了，问何人会解连环。丁卯浴佛日梁启超。"此联现存，已成珍贵文物。

又如梁氏的另一位高足明清史专家谢国桢（1901~1982）教授，在清华期内，常常得到梁氏的指导。1926年，他在清华国学研究院结业后，即应邀随梁氏至其天津家中，担任其子女梁思达、梁思懿等人的家庭教师，同时继续从梁氏问学。他们同桌吃饭，茶前饭后，经常听梁氏论学。后来，他回忆梁氏对他的隆情高谊时说：

　　1927年夏，桢在清华大学研究院结业之后，即馆于天津梁任公师家中……先生著述之暇，尚有余兴，即引桢等而进之，授以古今名著，先生立而讲，有时吸纸烟徐徐而行，桢与思达等坐而谈。先生朗诵董仲舒《天人三策》，逐句讲解，一字不遗。余叹先生记忆力之强，起而问之。先生笑曰："余不能背诵《天人三策》，又安能上万言书乎！"……先生健于谈，喜于教诲……每饭余茶后，茗碗之间，为桢讲研究历史之方法，及明末清初甲乙之际史迹，桢辄引笔记之。桢之所以略知史部簿录之学，纂辑《晚明史籍考》，研治明季"奴变"，清初东南沿海迁界，江南园林建筑，以及南明史迹，粗有辑著，皆由先生启迪之也。[27]

　　梁启超是近代明清之际史学的开山祖师，谢国桢先生在他的亲炙下，予以发扬光大，成果累累，对彼此来说，都是幸何如也！谢先生曾吟哦"忆昔梁门空立雪，白头愧煞老门生"的诗句，那是过谦了。其实，应当说，若非梁门曾立雪，焉能中外传盛名？[28]

　　国学大师章太炎对本师、学侣、弟子的厚谊，也足为世人风范。

　　他的本师是清末朴学大师俞樾。俞氏是德清人，三十岁成进士，进了翰林院，旋放河南学政，两年后被罢官。归田后，他埋首学术，主攻朴学，旁及艺文。所著《群经平议》《诸子平议》《古书疑义举例》，尤为博大精深。他在著述之余，主讲西湖诂经精舍，培育英才。太炎受业于诂经精舍七载之久，亲炙良师，打下了坚实的治学基础。他对俞樾非常尊敬，至老不渝。俞氏卒后，他亲撰《俞先生传》，盛赞本师的学问成就。但是，太炎对俞樾并不盲从。俞樾对太炎的游历台湾，鼓吹反满，都很不满，太炎对此当然绝对不能苟同，特地写了一篇《谢本师》，针对俞樾说他"宣传革命是不忠，远去父母之却是不孝；不忠不孝，非人类也，小子鸣鼓而攻之可也"，驳斥道："弟子以治经侍先生，今之经学，渊源在顾宁人，顾公为此，正欲使人推寻国性，识汉虏之别耳，岂以刘殷、崔浩期后生也？"[29] 这正是"师无道，即叛之"古训的体现。尽管如此，并未影响太炎对本师的崇敬之情。

太炎一生交友甚多，鱼龙混杂，也极自负，但对亦师亦友的学问家，仍是很尊重的，与他们切磋学问，友谊匪浅。如：黄以周（1828～1899）是《周礼》专家，所著《礼书通考》达百卷之多，蔚为大观。太炎盛赞此书"与杜氏通典比隆，其校核异义过之，诸先儒不决之义尽明之矣"。孙诒让（1848～1908），浙江瑞安人。所著《周礼正义》《墨子间诂》《契文举例》等，皆传世之作。太炎对他很佩服，说"诒让学术，盖龙有金榜、钱大昕、段玉裁、王念孙四家，其明大义，钩深穷高过之"。[30] 宋衡（1863～1911），平阳人，又名宋恕，通经学，讲仁爱，更精研佛学，太炎后来在文章中回忆说："炳麟少治经，交平子始知佛藏……梵方之学，知微者莫如平子，视天台、华严诸家深远。"[31] 字里行间，洋溢着太炎对这几位师友的深情。

胡适的学生很多，无论是早年在上海吴淞中国公学担任校长，还是后来主持北京大学，他对学生的厚爱，殷殷教诲，都赢得了他们的尊敬；其中一些人成为名满中外的大学者，对他始终怀着感激之情。如著名历史学家顾颉刚（1893～1980），是古史辨学派的创始人。但是，在很大程度上，他发起古史辨运动是受胡适讲课启发的结果。民国六年（1917）七月，胡适从美国学成归国，九月被聘为北京大学文科教授。他讲授《中国哲学史》，所编讲义第一章是"中国哲学结胎的时代"，从《诗经》开始，将唐、虞、夏、商抛在一边，直接从周宣王之后讲起，使学生耳目一新。顾颉刚在其所编《古史辨》第一册的序文中，回忆道：

> 这一改把我们一班人充满着三皇、五帝的脑筋骤然作一个重大的打击，骇得一堂中舌挢而不能下。……胡先生讲得的确不差，他有眼光，有胆量，有断制，确是一个有能力的历史家。他的议论处处合于我的理性，都是我想说而不知道怎样说才好的。……我的上古史靠不住的观念在读了《改制考》之后又经过这样地一温……从此以后，我们对于适之先生非常信服。

顾颉刚在 1919 年 1 月 17 日的日记中，写道："下午读胡适之先生之《周秦诸子进化论》，我佩服极了。我方知我年来研究儒先言命的东西，就是中国的进化学说。"[32] 1920 年，胡适给顾颉刚写信，让他标点姚际恒的《古今伪书考》，并借给他知不足斋本作为底本，并予以指点："我主张，宁可疑而过，不可信而过。"[33] 这对顾颉刚来说，无疑是进一步的启示。当然，胡适嘱顾颉刚标点此书，也是知道他生活比较困难，好拿一笔稿费，贴补家用。此后，胡适与顾颉刚、俞平伯不断通信讨论《红楼梦》，或赞同，或驳难。一方面，成就了胡适的《红楼梦考证改定稿》和俞平伯的《红楼梦辨》，加深了师生情、学友情；另一方面，顾颉刚再次感受到学习胡适治学方法的重要性。他曾经写道："我从曹家的故实和《红楼梦》的本子里，又深感到史实与传说的变迁情状的复杂。"[34] 凡此，对顾颉刚后来的学术成就，是有深刻影响的。

罗尔纲教授是饮誉中外的太平天国史专家，他严谨的学风，对史料的考证辨析功夫，受到史学界的一致好评。在他青年时代，胡适几乎是耳提面命的恩师。抗战期间，他著有《师门五年记》（原名《师门辱教记》），追述他 20 世纪 30 年代初期住在北京胡适家中边工作、边问学的情景。著名历史学家严耕望看了这本书后，说："深感此书不但示人何以为学，亦且示人何以为师，实为近数十年来之一奇书。"[35] 罗尔纲在此书的序中写道："我这部小书，不是含笑的回忆录，而是一本带着羞惭的自白。其中所表现的不是我这个渺小的人生，而是一个平实慈祥的学者的教训，与他的那一颗爱护青年人的又慈悲又热诚的心。"[36] 胡适很重视这本书，在给罗尔纲的信中，曾说这部自传给他的光荣，比他得到三十五个荣誉博士还大。他在这本书的序中深情地写道：

> 我的朋友罗尔纲先生曾在我家里住过几年，帮助我做了许多事，其中最繁重的一件工作是抄写整理我父亲铁花先生的遗著。他绝对不肯收受报酬，每年还从他家中寄钱来供给他零用。他是我的助手，又是孩子们的家庭教师，但他总觉得他是在我家里做"徒弟"，除吃饭住房之外，不应该再受报酬了。……如果我有什么帮助他的地方，我不过随时唤醒他特别注意：这种不苟且的习惯是需要自觉的监督的。……所谓科学方法，不过是不苟且的工作习惯，加上自觉的批评与督责。……我的批评，无论是口头，是书面，尔纲都记录下来。有些话是颇严厉的，他也很虚心地接受。有他那样一点一画不敢苟且的精神，加上虚心，加上他那无比的勤劳，无论在什么地方，他都会有良好的学术成绩。……我一口气读完了这本小书，很使我怀念那几年的朋友乐趣。……从来没有人这样坦白详细地描写他做学问经验，从来也没有人留下这样亲切的一幅师友切磋乐趣的图画。[37]

胡适、罗尔纲师徒充满感情色彩的话，令人感动，但并无半点夸张。胡适是名流，家中常有贵客临门。每当罗尔纲遇到这些客人，胡适给客人介绍时，总要随口夸奖一两句，既是鼓励，更是安慰；有时家中有特别的宴会，胡适便预先通知他的堂弟胡成之，接罗尔纲去做客一天；罗尔纲回广西探亲返京，胡适一天两次亲自去火车站迎接；有时一天给罗尔纲写两封信，指导他的学业；甚至因病住在医院，仍然在深夜伏案给罗尔纲写信，具体指导他研究《湘军志》，并逐条列出十条要点；如此等等。胡适对罗尔纲的关怀，从学业到生活，都是无微不至的。

吴中四才子的深谊

明朝前期，江南的唐寅（1470～1523）、文征明（1470～1559）、徐祯卿（1479～1511）、祝允明（1461～1527）被称为"四才子"。他们在文坛、画坛上具有重大影响，唐寅、祝允明更因民间传说、弹词、戏曲的渲染，至今仍是家喻户晓的人物。自古文人相轻，但四才子之间，并不因各人均才高八斗而互相轻慢，而是过从甚密，甚至患难与共，留下很多佳话。

唐寅，字伯虎，后改字子畏，自号六如居士、桃花庵主、逃禅仙吏、江南第一风流才子等。他是吴中画派的代表人物之一，与大画家沈周（1427～1509）、仇英及他的好友文征明，在美术史上光芒四射，被称为"明四家"。弘治十一年（1498）应天府乡试第一。当时座主梁储（1451～1527）对他的文章很欣赏，看罢考卷惊叹曰："士固有若是奇者耶，解元在是矣。"[38]除鼓励慰勉外，返京后，还将他的文章推荐给次年会试主考程敏政观看，并赞扬说："其人高才，此不足以毕其长，惟君卿奖异之。"[39]后来，唐寅即涉嫌和程敏政作弊，"交通题目"，被废弃终身，程敏政亦被迫辞官归里。唐寅经受这场磨难后，深感仕途险恶，遂放浪形骸于酒色山水之中，诗文绘画的名声却誉满四海。在宁王朱宸濠的叛乱中，他故意佯狂酗酒，放诞无礼，得以保全清白，因而也给他带来更大的名声。他"颓然自放，谓后人知我不在此"[40]，内心是孤寂的。

文征明，初名璧，以字行，后更字征仲，别号衡山。他在十六岁时，其父温州知府文林卒，吏民醵千金致意，他全部退还，而因其父是位清官，无家货，他穿的衣服都很破旧；朱宸濠曾重金礼聘，他辞病不赴；他的诗文书画，成就很大，人皆宝之，却从不用来与富豪权贵交易，周、徽等藩王"以宝物为赠，不启封而还之"[41]。可谓才华横溢，铁骨铮铮。他活到九十岁，堪称人瑞，晚年经常告诫其子孙："吾死后，若有人举我进乡贤祠，必当严拒之。这是要与孔夫子相见的，我没这副厚脸皮也。"[42]他的自谦、自律，足为世人风范。

祝允明，字希哲，号枝山，长洲人。"五岁作径尺字，九岁能诗"[43]，"超颖绝人，读书过目成诵，巨细精粗，咸贮腹笥"[44]。弘治壬子（1492年）举于乡，后连试礼部不第，除兴宁知县，迁应天府通判，不久即辞归。因其右手枝指，自号枝指生。他好酒色六博，善度新声，有时还粉墨登场。海内慕其盛名，携银登门求文求字的，他拒而不见，而等他冶游时，"使女伎掩之，皆捆载以去"。回家不问七件事，得钱便在家中呼朋唤友豪饮，花光拉倒。出门时，往往屁股后面跟着向他讨债的人。去世时，几乎连办丧事的钱都没有。

徐祯卿，字昌谷，一字昌国，常熟人，后迁吴县。他"天性颖异，家不蓄一书，而无所不通"[45]。精于诗歌，"文章江左家家玉，烟月扬州树树花"之类的警句，传诵一时。弘治乙丑（1505）举进士，由于其貌不扬，只授大理左寺副，[46]后因罪被贬为国子博士，卒时才三十二岁。史书评论他"诗镕炼精警，为吴中诗人之冠，年虽不永，名满士林"[47]。

由此可知，上述四人皆非等闲之辈。几人很早就相识。其中祝允明年龄居长，比唐寅、文征明大十岁，而这二位又比徐祯卿大约长十岁。唐寅和祝、文二氏，关系则更为密切。文征明的画师承沈周，而唐寅也是沈周间接的学生。弘治十二年（1499），唐寅卷进科场风波，身陷囹圄后，写信给文征明，希望他看在友谊的分上，照顾自己的弟弟唐申，文谓：

> ……仆幸同心于执事者，于兹十五年矣。……吾弟弱不任门户，傍无伯叔，衣食空绝，必为流莩。仆素论交者，皆负节义；幸捐狗马余食，使不绝唐氏之祀，则区区之怀，安矣乐矣！尚复何哉？
>
> 惟吾卿察之！[48]

后来又在给文征明的信中，真诚地袒露心迹，晚明小品文大家袁中郎（1568～1610）读后，非常感动地说："真心实话，谁谓子畏狂徒者哉？"[49]这封信的全文是：

> 寅与文先生征仲交三十年，其始也丱而儒衣，先太仆爱寅之俊雅，谓必有成，每每良燕必呼共之。尔后太仆奄谢，征仲与寅同在场屋，遭乡御史之谤，征仲周旋其间，寅得领解。北至京师，朋友有相忌名盛者，排而陷之，人不敢出一气，指目其非；征仲笑而斥之。家弟与寅异坎者久矣，寅视征仲之自处家也，今为良兄弟，人不可得而间。寅每以口过忤贵介，每以好饮遭鸩罚，每以声色花鸟触罪戾；征仲遇贵介也，

饮酒也，声色也，花鸟也，泊乎其无心，而有断在其中，虽万变于前，而有不可动者。昔项橐七岁而为孔子师，颜、路长孔子十岁；寅长征仲十阅月，愿例孔子以征仲为师，非词伏也，盖心伏也。诗与画寅得与征仲争衡；至其学行，寅将捧面而走矣。寅师征仲，惟求一隅共坐，以销镕其渣滓之心耳，非矫矫以为异也；虽然，亦使后生小子，钦仰前辈之规矩丰度，征仲不可辞也。[50]

由此可知，文征明平素生活很检点，不肯涉足色情场所，与唐寅的浪荡行径，可谓大异其趣，但却能道不同而相谋，并成为莫逆之交。据明人《焦窗杂录》载，唐寅有时捉弄文征明，某次他先将妓女藏在舟中，然后邀文征明同游石湖，酒半酣，唐寅高歌，叫妓女出舱进酒，文征明大吃一惊，执意离船而去，几乎跌入水中，只好临时雇了一艘小船回家。

文征明与祝允明的交谊，在他们的上一代就已开始。文征明学字于祝允明的岳父李应祯，李死后家贫无以为殓，就是由文征明的父亲文林筹办丧葬之费的。祝允明与唐寅更是情投意合，不是弟兄，胜似弟兄。唐寅早年放浪纵酒，祝允明规劝他，唐寅因此苦读一年，得戴解元桂冠。唐寅卒后，祝允明哀痛至极，魂牵梦绕，写了《梦唐寅、徐祯卿亦有张灵》《哭子畏》《再哭子畏》等诗，怀念之情，溢于字里行间。他还亲笔写了《唐伯虎墓志铭》，堪称是他与唐寅友谊的实录：

　　子畏死，余为歌诗，往哭之恸；将葬，其弟子重请为铭，子畏余肺腑友，征子重且铭之。……子畏粪土财货，或饮其惠，讳且矫，乐其蓄，更下之石，亦其得祸之由也。桂伐漆割，害

隽戕特，尘土物态，亦何伤于子畏？余伤子畏……有过人之
杰，人不歆而更毁；有高世之才，世不用而更摈；此其冤宜如
何已？……子畏罹祸后，归好佛氏，自号六如，取四句偈旨。
治圃舍北桃花坞，日般饮其中，客来便共饮，去不问，醉便颓
寝。子重名申，亦佳士，称难弟兄也。铭曰：

穆天门兮夕开，纱吾乘兮归来。睇桃兮故土，回风冲兮兰
玉摧。不兜率兮犹徘徊，星辰下上兮云雨濯。椅桐轮囷兮稼无
滞穟，孔翠错灿兮金芝葳蕤，碧丹渊涵兮人问望思。[51]

　　大概因唐寅和祝允明都是性情中人，又是肺腑之交，制造了不
少风流韵事，甚至直到今天，仍在民间流传。如：唐寅曾夏天拜访
祝允明，刚好是允明醉后，裸体纵笔疾书，了不为谢。唐寅跟他开
玩笑说："无衣无褐，何以卒岁？"允明立即答道："岂曰无衣？与
子同袍。"[52]可见他即使是醉了，也没有忘记与唐寅的友情。他俩
曾浪游扬州，极声伎之乐，把袋中的银子花了个精光。他们听说盐
使课税很重，因而宦囊几乎撑破，便化装成苏州玄妙观的道士，前
去化缘，并自我介绍：别看我们是穷道士，认识的朋友都是名流，
连我们苏州大名鼎鼎的唐伯虎、祝枝山，都是我们的好友。您如果
瞧得起我们，请随意考考我俩。盐使把手一指说，就以盆景牛眠石
为题，共赋律诗一首。唐寅、允明当即一人一句，写成一首："嵯
峨怪石倚云间（唐寅），抛掷于今定几年（允明）；苔藓作毛因雨长
（唐寅），藤萝穿鼻任风牵（允明）。从来不食溪边草（唐寅），自
古难耕陇上田（允明）；怪杀牧童鞭不起（唐寅），笛声斜挂夕阳烟
（允明）。"盐使大为欣赏，传令苏州府长洲、吴县，出银五百两，
作为修葺玄妙观的费用。后来唐寅、祝允明赶回苏州，设法取出
这笔银两，召集好友与妓女畅饮数日。盐使知道此事后，颇不悦，

明刊本《花舫缘》插图
　　该剧写唐伯虎、文征明、祝允明游湖，唐伯虎对花舫中一女婢一见钟情，苦苦追求，终成眷属，类似话本《唐伯虎点秋香》

"心知两公，然惜其才名不问也"。[53] 此事颇有传奇色彩。

　　四人中，徐祯卿去世较早，但仍留下他与唐寅、祝允明等交好的篇章。他曾给唐寅写小传，盛赞他"雅资疏朗，任逸不羁"，并在传末系赞词一首，曰：

　　　　有鸟骄斯，高飞啼提。饮择清流，栖羞卑枝。
　　　　傲荡激扬，操比侠士。超腾踔诡，又类君子。

> 长鸣远慕，顾命俦似。猥叙苦辛，仍要素辞。
>
> 与子同心，愿各不移。恒共努力，比翼天衢。
>
> 风雨凌敝，永勿散飞。天地闭合，乃绝相知。[54]

　　赞词的最后四句，充分显示了他对唐寅的深情。对于文征明，他也写了小传。赞美他"性专执，不同于俗，不饬容仪，不近女妓，喜淡泊。俦类有小过，时见排诋。人有薄技，亦往往叹誉焉。"并诵诗曰："……磁石能引针，砥砺乃独坚。鸾凤不从群，何况于高贤。含和而不同，圣哲所称焉。飞蝇恶热羹，最哉复何言。"[55]他对文征明，实在是敬重之不暇。

　　这四位才子还有一位差不多共同结交的好友张灵。他字梦晋，吴县（今苏州）人，生卒年不详。善画人物山水，笔致秀逸；诗文也很清丽。他家境贫寒，生活却狂放浪漫。史载：唐寅"与里狂生张灵纵酒"[56]云云，可见二人关系密切。据他的好友之一徐祯卿记载，张灵"不为乡党所礼，惟祝允明嘉其才，因受业门下，尝作文以厉之"[57]。可见祝允明与他是亦师亦友。唐寅与他交谊最深。他俩还是郡学生时，有位鄞县人方志来督学，了解到唐寅的一些情况，企图中伤，张灵得知后，满脸愁容，唐寅问他为什么如此愁眉不展？他答道："独不闻龙王欲斩有尾族，虾蟆亦哭乎？"[58]令人忍俊不禁。他曾与唐寅、祝允明在虎丘冒着雨雪，假装乞丐，唱莲花落，讨来钱后就买酒在寺中痛饮，还说"此乐惜不令太白知之"[59]。张灵很不得志，有时家中无隔宿之粮，父母及妻子终日愁思叹息，这样的窘境，扭曲了他的性格，常常变得狂妄不近人情，唐寅却能体谅他，不予计较。某日，有客去拜访张灵，张灵正坐在豆棚下，举杯独酌，津津有味，竟不看来客一眼，其人含怒而去。接着去拜访唐寅，告诉他张灵所为，责怪他的无礼，唐寅却笑着说：

"汝讥我！"[60]这简直是代朋友受过了。他对张灵的画是很欣赏的，有时在他的画上题诗，如："绿崖入翠微，岚气湿罗衣；涧水浮花出，松云伴鹤飞。行歌樵互答，醉卧客忘归；安得依书屋？开窗碧四围。"[61]显然与张灵的画是珠联璧合，水乳交融。

四才子对于一般的友人，也很重视交谊，对于老师，更念念不忘。如唐寅对他的座师王鏊（1450～1524），一直感激不已。今日故宫博物院还藏有唐寅作《王鏊出山图卷》，纸本墨笔，下署"门生唐寅拜写"[62]，画出了王鏊的神韵，也画出了唐寅对他的一往情深。

明末四公子的友情

明末四公子是指桐城方密之（以智）（1611～1671）、阳羡（今宜兴）陈定生（贞慧）（1604～1656）、归德（今商丘）侯朝宗（方域）（1618～1654）、如皋冒襄（辟疆）（1611～1693）。他们的父亲，都是晚明政治舞台上的名人。这四位书生，联络东林党的后裔和在南方有很大影响的政治组织复社成员，互通声气，砥砺名节，议论朝政，反对宦官专权。明朝灭亡，福王朱由崧在南京重建弘光小朝廷后，依然是阉党阮大铖（1587～1646）、马士英把持朝政，在残山剩水间作威作福。不久，东林子弟顾杲、黄宗羲等在南京张贴反对阉党的《留都防乱公揭》，震动朝野，陈贞慧、侯朝宗等都参与策划，并在公揭上签名。

明清之际的著名文学家吴伟业（1609～1671）曾写道："……往者天下多故，江左尚晏然，一时高门子弟，才地自许者，相遇于南中……阳羡陈定生、归德侯朝宗与辟疆为三人，皆贵公子。定生、朝宗仪观伟然，雄怀顾盼，辟疆举止蕴藉，吐纳风流，视之虽若不

董小宛画像

　　同，其好名节持议论一也。以此深相结。"[63]可见是共同的政治抱
负，使他们走到一起来了。他们常常聚会，甚至是"无日不连舆接
席，酒酣耳热，多咀嚼大铖，以为笑乐"[64]。

　　四人中，活得最长，被誉为"一代风骚主坛坫"[65]的是冒
襄。入清后，他始终以遗民身份隐居不仕，家中的水绘园，有
花木林泉之盛，是东南名园之一。他交友遍天下，从晚年衷辑
的《六十年师友诗文同人集》来看，曾先后与他交好的文友有
黄宗羲、倪元璐（1594～1644）、董其昌（1555～1636）、王铎
（1592～1652）、钱谦益（1582～1664）、陈继儒（1558～1639）、范
景文（1587～1644）、黄道周（1585～1646）、徐乾学（1631～1694）、
施世纶[66]等几十位，几乎囊括了明清之交即明末至康熙前期著名
文学家、画家、书法家、诗人的大半，可见其交友之广。这没有

一腔热忱是绝对做不到的。

　　冒襄的同时代人刘体仁，在《书水绘园二集后》一文中说："士之渡江而北、渡河而南者，无不以如皋为归"；"及家贫，犹不敢谢客，而身则皤然老矣"。这是冒辟疆一生的一个重要方面。正如他的后裔著名老作家冒舒諲先生所说："至于他和陈圆圆、董小宛的风流韵事，在辟疆的整个历史上并不占重要地位。"[67]当然，血浓于水。四公子之间的友谊，经受过明清易代之际巨大政治磨难的考验，是一般朋友难以企及的。以侯朝宗来说，方密之送给他的一件衣服，他视如拱璧，爱不释手。他在《与方密之书》中写道：

　　……仆与密之交游之情，患难之绪，每一触及，辄数日营营于怀。及至命笔，则益茫然无从可道。犹忆庚辰，密之从长安寄仆浆丝之衣，仆常服之。其后相失，无处得密之音问，乃遂朝夕服之，无斁垢腻所积，色黯而丝駮，亦未尝稍解而浣濯之，以为非吾密之之故也。乙酉、丙戌后制与今时不合，始不敢服，而熏而置诸上座，饮食寝息，恒对之唏嘘。……衣可更也，是衣也密之所惠，不可更也。吾他日幸而得见吾密之，将出其完好如初者以相似焉，盖仆之所以珍重故人者如此。密之或他日念仆而以僧服相过，仆有方外室三楹，中种闽兰粤竹，上悬郑思肖画无根梅一幅，至今大有生气……当共评玩之。[68]

　　他与陈贞慧更形似手足，亲上加亲。他有《送陈生归义兴》诗谓："宛水中央一去船，清秋细草尚绵芊。东江望族多才俊，不及平原作赋年。"[69]他曾住在陈贞慧家避过难，成了生死之交，并结为儿女亲家：将自己的幼女许配给陈贞慧的次子宗石，举行过订婚仪式。他在《赠陈郎序》一文中写道：

　　　　陈郎者，余幼婿也。名宗石，字曰子万。……乙酉春正月，有王御史者阿大铖意，上奏责浙直督府捕余，余时居定生舍，既就逮，定生为经纪其家事，濒行，送之舟中，而握余手曰：子此行如不测，故乡又未定，此累累将安归乎？吾家世与子之祖若父暨子之身无不同者，今岂可不同休戚哉，盍以君幼女妻我季子？余妻遂与陈夫人置杯酒定约。[70]

　　此时，朝宗女方三岁，贞慧子还比她小一岁。八年后，朝宗再访宜兴，宗石已十岁，聪敏健谈，朝宗平素不能饮酒，竟高兴得连连喝了几大杯。并写了一首《种松歌》赠宗石，加以鼓励："种树当种松，生儿当生龙。松能参天三百尺，龙能腾地九万重。君家小子无乃是，出揖丈人何从容。眼光奕奕逼我寒，问所读书音如钟。十岁抗首复伸眉，其意颇不屑吴侬。君家少保古哲人，我欲见之恨无从。尔翁当时称有道，今住青门老为农。五陵佳气讵遂无，善卷洞口暮采蓴。高义乾坤谁识得？定知有尔亢其宗。君不见洛阳桃李媚春风，三月开花作意红。转瞬落叶已辞枝，惟有霜皮傲崆峒。又不见鲋鱼数寸口喁喁，陂泽江海不相通；才欲过河旋涸辙，安知首尾接空濛。"[71]朝宗对贞慧的长子、著有《湖海楼集》的诗人陈维崧（1625～1682，字其年，号迦陵）也很赞赏，写了《阳羡歌答陈生》诗给他，末段是："……君不见大梁侯生游吴越，霜吹两鬓侵马骨，人生相见如参商，细记壬辰冬十月。"[72]诗中丝毫未摆世叔的架子，很珍视他与下一代的友谊。后来，陈贞慧病故，陈维崧屡应乡试不中，去投奔他父亲的老友冒襄，在他家读书做客，而且一住十年，与冒襄酬唱，相处甚欢。显然，明末四公子的友情，在他们的下一代，得到了进一步发展。

纳兰性德与顾贞观的千古绝唱

纳兰性德（1655～1685），初名成德，后避东宫嫌名，改曰性德，字容若。其父是权倾一时的太傅明珠。他十七岁时补诸生，次年举顺天乡试，康熙丙辰（1676）应殿试，赐进士出身，选授三等侍卫，不久晋一等。自幼颖慧，尤喜填词。好交友，为人排忧解难，往往"谋必竭其肺腑"。

江南文士严绳孙（1623～1702）、顾贞观（1637～1714）、陈维崧、姜宸英（1628～1699）等，都是他的好友，顾贞观更与之相知极深。贞观，字华峰，号梁汾，无锡人。康熙丙午（1666）顺天举人，擢秘书院典籍。戊申（1668）丁外艰归，丙辰（1676）复入京，

纳兰性德像

馆于明珠家,与纳兰性德成为挚友。有时他登上纳兰性德的读书楼,性德即命家人撤去楼梯,与顾贞观纵谈古今,论诗填词。他们二人精心营救吴江文士吴汉槎(1631~1684)的事迹,是中国政治史、文化史上脍炙人口的篇章。

吴汉槎,名兆骞,汉槎是他的字,以字行。少有隽才,童时作胆赋五千言。大诗人吴伟业将他和松江的彭师度、宜兴陈维崧看成是"江左三凤"。顺治十四年(1657)罹科场狱,后被判刑,流放至吉林宁古塔。顺治十四年是丁酉年,故通称丁酉科场案,在清初南北发生的多起科场案中,名声最大,其中的重要原因,是由于吴汉槎的盛名。但正如前辈明清史专家孟森所说,吴汉槎的"《秋笳集》,亦非有绝特足以不朽者在,其时以文字为吴增重者,实缘梅村一诗、顾染汾两词耳"[73]。吴梅村(清初著名诗人,吴汉槎好友)的诗为《悲歌赠吴季子》,诗曰:

> 人生千里与万里,黯然销魂别而已。君独何为至于此!山非山兮水非水,生非生兮死非死。十三学经并学史,生在江南长纨绮。词赋翩翩众莫比,白璧青蝇见排诋。一朝束缚去,上书难自理。绝塞千山断行李,送吏泪不止,流人复何倚?彼尚愁不归,我行定已矣。七月龙沙雪花起,橐驼腰垂马没耳。白骨皑皑经战垒,黑河无船渡者几?前忧猛虎后苍兕,土穴偷生若蝼蚁。大鱼如山不见尾,张鬐为风沐为雨。日月倒行入海底,白昼相逢半人鬼。噫嘻乎,悲哉!生男聪明慎勿喜,仓颉夜哭良有以。受患只从读书始,君不见吴季子![74]

此诗的后四句,语极悲愤,影响深远。"兆骞得此,乃其不朽之第一步。"[75]诗作于顺治十五年(1658)十一月。[76]吴伟业同

时还给被株连而随吴汉槎出塞的其父吴晋锡写了《送友人出塞》二
首，其一是："鱼海萧条万里霜，西风一哭断人肠。劝君休望零支
塞，木叶山头是故乡。"[77] 词句同样悲壮苍凉。梅村诗作于吴汉槎
赴戍之初，而顾贞观的词《金缕曲》（亦作贺新郎）二首，则作于
吴汉槎已赴冰天雪地的宁古塔之后。顾贞观在康熙元年（1662）十
月给吴汉槎写过一封信，并诗十章，次年春，吴汉槎复过一信。但
吴汉槎在康熙二年（1663）、十二年（1673）写给顾贞观的信，辗
转很久，才到了顾贞观的手中。贞观读后，深深同情这位老友的凄
惨处境，决心设法解救他。不久，他结识了纳兰容若，将自己写的
《金缕曲》抄给容若看。词的全文是：

> 季子平安否？便归来，平生万事，那堪回首？行路悠悠谁
> 慰藉？母老家贫子幼。记不起，从前杯酒。魑魅搏人应见惯，
> 总输他覆雨翻云手。冰与雪，周旋久。泪痕莫滴牛衣透。数天
> 涯、依然骨肉，几家能够？比似红颜多命薄，更不如今还有。
> 只绝塞苦寒难受。廿载包胥承一诺，盼乌头马角终相救。置此
> 札，君怀袖。
>
> 我亦飘零久。十年来，深恩负尽，死生师友。宿昔齐名非
> 忝窃，试看杜陵消瘦，曾不减，夜郎僝僽。薄命长辞知己别，
> 问人生到此凄凉否？千万恨，从君剖。兄生辛未吾丁丑。共此
> 时，冰霜摧折，早衰蒲柳。词赋从今须少作，留取心魂相守。
> 但愿得，河清人寿。归日急翻行戍稿，把空名料理传身后。言
> 不尽，观顿首。[78]

这两首词，"纯以性情结撰而成，悲之深，慰之至，丁宁告戒，
无一字不从肺腑流出，可以泣鬼神矣！"[79] 正是这两首千古绝唱，

深深感动了纳兰容若，他流着热泪说："河梁生别之诗，山阳死友之传，得此而三。此事三千六百日中，弟当以身任之，不俟兄再嘱也。"顾贞观说："人寿几何？请以五载为期。"（吴德旋：《闻见录》）纳兰容若答应了，并赋《金缕曲》赠顾贞观，内有句云："绝域生还吴季子，算眼前此外皆余事。知我者，梁汾耳！"[80]后经容若向其父疏通，"以输少府佐将作，遂得循例放归"[81]。花的银子，起码不少于二千两。由吴汉槎的老友、清朝新贵徐乾学、徐元文（1634～1691）及纳兰容若等出面，号召醵金赎归吴汉槎，都中名流都知道明珠是后台，一心讨好，纷纷解囊。终于使吴汉槎一家在康熙二十年（1681）十一月，经过一个多月的奔波，回到了京师。可惜此时吴梅村已去世十年，诗人王士禛叹息道："太息梅村今宿草，不留老眼待君还。"[82]吴汉槎去拜见纳兰容若，见书斋壁上大书一行字——"顾梁汾为吴汉槎屈膝处"[83]，才知道当年顾贞观为救他，曾跪在纳兰容若面前哀求，不禁泪如雨下。这样的交谊真是重如泰山了！

鲁迅与师友、弟子

鲁迅与老师

鲁迅（1881～1936）从童年到成人，对他影响最大的中国老师有两位：寿镜吾（1849～1929）与章太炎。

鲁迅在十二岁时，离开新台门，到全城著名的私塾三味书屋读书，塾师是寿镜吾先生。他方正、质朴、博学，富有爱国思想，痛恨帝国主义，抵制洋货，常说外国人骗钱。他对李鸿章（1823～1901）、张之洞（1837～1909）等大官僚，也很不满。但是，他在教学方法、教学内容上，仍然墨守传统的儒家教育。尽管如此，他毕竟是鲁迅的启蒙老师。鲁迅到了中年，仍然回忆着寿老师教学的情景：

第二次行礼时，先生便和蔼地在一旁答礼。他是一个高而瘦的老人，须发都花白了，还戴着大眼镜。我对他很恭敬，因为我早听到，他是本城中极方正、质朴、博学的人。

…………

我就只读书，正午习字，晚上对课。先生最初这几天对我很严厉，后来却好起来了，不过给我读的书渐渐加多，对课也渐渐地加上字去，从三言到五言，终于到七言。

……然而同窗们到园里的太多，太久，可就不行了，先生在书房里便大叫起来：

"人都到哪里去了！"

人们便一个一个陆续走回去；一同回去，也不行的。他有一条戒尺，但是不常用，也有罚跪的规则，但也不常用，普通总不过瞪几眼，大声道：

"读书！"[84]

显然，鲁迅对寿老师是充满怀念之情的。

鲁迅对作为革命家、国学大师的章太炎，是非常敬重的。他不仅是章太炎主办的《民报》的热心读者，而且几次听过太炎滔滔不绝、庄谐并出的反清演讲。章太炎开办小学讲座时，鲁迅是认真听讲者之一，从而结成了师生关系。鲁迅的挚友许寿裳后来回忆道：

先生东京讲学之所，是在大成中学里一间教室，寿裳与周树人（即鲁迅）、作人兄弟等，亦愿往听。然苦于校课时间冲突，因托龚宝铨（先生的长婿）转达，希望另设一班，蒙先生慨然允许。地址就在先生寓所……《民报》社。每星期日清晨，前往受业，在一间陋室之内，师生席地而坐，环一小几。先生讲段氏[85]《说文解字注》、郝氏[86]《尔雅义疏》等，神解聪察，精力过人，逐字解释，滔滔不绝，或则阐明语原，或则推见本字，或则旁证以各处方言，以故新义创见，层出不穷。即有时随便谈天，亦复诙谐间作，妙语解颐，自八时至正午，历四小时毫无休息，真所谓"诲人不倦"。……这是先生东京讲学时的实际情形。同班听讲者是朱宗莱、龚宝铨、钱玄同、朱希祖、周树人、周作人、钱家治与我共八人。……其他同门尚甚众，如黄侃、汪东、马裕藻、沈兼士等，不备举。[87]

太炎的这些弟子，绝大多数都是著名学者、教授，汪东则成为一代词人，而鲁迅则更是文化巨人。1933年，他在致曹聚仁（1900～1972）信中，写道："古之师道，实在也太尊，我对此颇有反感。我以为师如荒谬，不妨叛之，但师如非罪而遭冤，却不可乘机下石，以图快敌人之意而自救。太炎先生曾教我小学，后来因为我主张白话，不敢再去见他了，后来他主张投壶，心窃非之，但当国民党要没收他的几间破屋，我实不能向当局作媚笑。以后如相见，仍当执礼甚恭（而太炎先生对于弟子，向来也绝无傲态，和蔼若朋友然），自以为师弟之道，如此已可矣。"[88]这体现了鲁迅尊师的原则，与传统师道尊严有别。1935年，他在论及文言、白话问题时说："太炎先生是革命的先觉，小学的大师，倘谈文献，讲说文，当然娓娓可听，但一到攻击现在的白话，便牛头不对马嘴，即其一例。还有江亢虎博士，是先前以讲社会主义出名的名人……只是今年忘其所以，谈到小学……真不知道悖到那里去了……这种解释，却须听太炎先生了。"[89]他并不盲从太炎先生，但深知他是革命先觉、小学大师，评价不

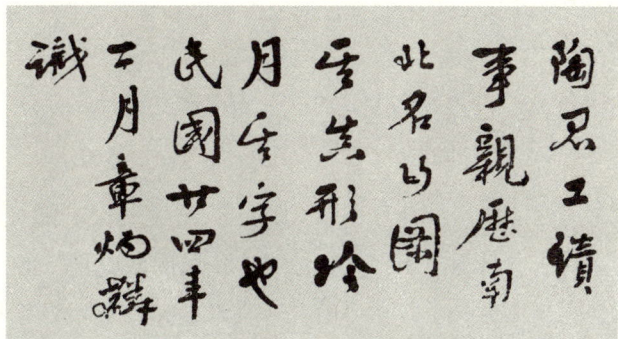

章太炎墨迹

可谓不高。太炎先生去世后，上海的官绅为他开追悼会，赴会者不满百人，遂在寂寞中闭幕；无聊文侩，勾结小报，公然写文章奚落他。病中的鲁迅，仍支撑着著文，客观、公正地评价太炎先生：

> 太炎先生虽先前也以革命家现身，后来却退居于宁静的学者，用自己所手造的和别人所帮造的墙，和时代隔绝了。……
>
> 我以为先生的业绩，留在革命史上的，实在比在学术史上还要大。……我的知道中国有太炎先生，并非因为他的经学和小学，是为了他驳斥康有为和作邹容的《革命军》序，竟被监禁于上海的西牢。……前去听讲也在这时候，但又并非因为他是学者，却为了他是有学问的革命家，所以直到现在，先生的音容笑貌，还在目前，而所讲的说文解字却一句也不记得了。
>
> ……我们的"中华民国"之称，尚系发源于先生的《中华民国解》（最先亦见《民报》），为巨大的记念而已，然而知道这一重公案者，恐怕也已经不多了。既离民众，渐入颓唐，后来的参与投壶，接受馈赠，遂每为论者所不满，但这也不过白圭之玷，并非晚节不终。考其生平，以大勋章作扇坠，临总统府

之门，大诟袁世凯的包藏祸心者，并世无第二人；七被追捕，三入牢狱，而革命之志，终不屈挠者，并世亦无第二人；这才是先哲的精神，后生的楷模。……[90]

此文写于 1936 年 10 月 9 日，距鲁迅先生逝世，仅有十天。此文写成后，次日他看了报纸，惊叹中华民国已成立二十五周年了！不禁想起太炎先生，觉得前文言犹未尽，后来又动笔再写一篇，直到 10 月 17 日上午，还在续写此文的中段，但未能终篇，他就在 19 日凌晨在同病魔艰难搏斗后，不幸逝世。鲁迅在生命的最后时刻，尤念念不忘太炎先生。这篇遗文就是《因太炎先生而想起的二三事》，深刻地总结了太炎先生晚年的经验教训："先生手定的《章氏丛书》内，却都不收录这些攻战的文章。先生力排清虏，而服膺于几个清儒，殆将希纵古贤，故不欲以此等文字自秽其著述——但由我看来，其实是吃亏，上当的，此种醇风，正使物能遁形，贻患千古。"鲁迅作为弟子，与其师太炎先生友谊的厚重，堪称古今楷模。

鲁迅与友人

鲁迅有不少友人，其中与郁达夫（1896~1945）、瞿秋白（1899~1935）、刘半农（1891~1934）、林语堂（1895~1976）的交往，最令人回味。

鲁迅与郁达夫的初识，是 1923 年的 2 月。当时郁达夫正在北京的长兄郁华家中过年。他应周作人之邀，与鲁迅同席。十天后，郁达夫特地在东兴楼饭馆宴请鲁迅，彼此印象均很好。郁达夫在《过去集·五六年来创作生活的回顾》中写道："鲁迅为人很好，有什么说什么，也喜欢喝点黄酒。"鲁迅在《伪自由书·前记》中则回忆道："我一向很回避创造社里的人物。这也不只因为历来特别地攻击我，甚而至于施行人身攻击的缘故，大半倒在他们的一副'创造'脸……好像连出汗打嚏，也全是'创造'似的。我和达夫先生见面得最早，脸上也看不出那么一种创造气，所以相遇之际，就随便谈谈。"此后不久，他俩同在北京大学任教，逐渐成了亲密朋友。鲁迅比他年长十五岁，郁达夫对他很尊敬，以亦师亦友待之。他曾热心地向创造社同仁郭沫若等推荐过鲁迅的《阿Q正传》《故乡》等小说，郭沫若甚至说过："郁达夫之于鲁迅更有点近于崇拜。"[91]

　　他们还共同关心穷困的文学青年、后来成了著名文学家的沈从文，郁达夫写了《给一位文学青年的公开状》，为沈从文呐喊鸣不平；鲁迅则打算邀请沈从文共同选印新作，以示奖掖。后来虽因沈从文去了武昌，这个计划未能实现，但鲁迅、郁达夫在关心青年人才方面的古道热肠，促使彼此加深了了解。郁达夫回上海后，当创造社、太阳社以"左"的"革命"面貌围攻鲁迅时，郁达夫在《对于社会的态度》一文中，却旗帜鲜明地说："我总认为，以作品的深刻老练而论，他（鲁迅）总是中国作家中的第一人，我从前是这样想，现在也这样想，将来总也是不会变的。"

　　1933年1月10日，鲁迅给郁达夫寄去一封信及两幅字，条幅上写的是他写的两首诗。其一是《答客诮》："无情未必真豪杰，怜子如何不丈夫。知否兴风狂啸者，回眸时看小於菟。"其二是："洞庭木落楚天高，眉黛猩红涴战袍。泽畔有人吟不得，秋波渺渺失离骚。"同时，鲁迅也请郁达夫不吝墨宝。一个多星期后，郁达夫写了一首诗，亲自去北四川路拜访鲁迅，当面交给他。这首诗是："醉眼朦胧上酒楼，彷徨呐喊两悠悠。群氓竭尽蚍蜉力，不废江河万古流。"[92]这对鲁迅是多么崇高的评价！鲁迅和郁达夫在文学事

业上的相互支援、共同合作，是亲密无间的。1928 年夏天，两人合
编《奔流》月刊创刊，图文并茂，印刷甚佳。他们合力支持黎烈文
办好《申报》的《自由谈》专栏，发表了多篇杂文。他俩都是"左
联"的发起人。

　　鲁迅善作旧诗，但最为人称颂的一首，即是 1932 年"达夫赏
饭，闲人打油"的一首。10 月 5 日，郁达夫、王映霞夫妇设宴于
聚丰园，同席有柳亚子夫妇等。鲁迅到来时，郁达夫问候说："你
这些天来辛苦了吧！"鲁迅即以"横眉冷对千夫指，俯首甘为孺子
牛"作答。郁达夫笑谓："看来你的'华盖运'还没有脱。"不料这
句玩笑话给鲁迅以启示，说："给你这样一说，我又得了半联，可
以凑成一首小诗了。"[93] 席散以后，鲁迅应柳亚子之请，于 10 月
12 日，为他写了一个条幅，这就是著名的所谓"闲人打油"的七律
《自嘲》：

　　　　运交华盖欲何求，未敢翻身已碰头。
　　　　破帽遮颜过闹市，漏船载酒泛中流。
　　　　横眉冷对千夫指，俯首甘为孺子牛。
　　　　躲进小楼成一统，管他冬夏与春秋。[94]

　　正如郭沫若在《〈鲁迅诗稿〉序》一文中所说，此诗中的"横眉
冷对千夫指，俯首甘为孺子牛"，"虽寥寥十四字，对方生与垂死之
力量，爱憎分明，将团结与斗争之精神，表现俱足。此真可谓前无
古人，后启来者"。1933 年 4 月 25 日，郁达夫移家杭州。这是鲁迅
不赞同的，曾经劝阻，但未能奏效。鲁迅非常关心郁达夫在杭州的
处境，八个月后，王映霞在上海求鲁迅写字，鲁迅便乘机在四幅虎
皮宣纸上，每幅两句，写了《阻郁达夫移家杭州》这首诗：

> 钱王登假仍如在，伍相随波不可寻。
>
> 平楚日和憎健翮，小山香满蔽高岑。
>
> 坟坛冷落将军岳，梅鹤凄凉处士林。
>
> 何似举家游旷远，风波浩荡足行吟。[95]

鲁迅深知杭州是官僚盘踞的封建巢穴，黑暗、腐朽，劝郁达夫切不可在此久住。后来，不出鲁迅所料，郁达夫果然被黑暗势力所包围，弄得家破人亡。鲁迅去世后，郁达夫在1938年于湖北汉寿很沉痛地写了《回忆鲁迅》的文章，十分懊悔地说：

> 我搬到杭州去住的时候，（鲁迅）也曾写过一首诗送我，头一句就是："钱王登假仍如在。"这诗的意思，也曾对我说过，指的是杭州党政诸人的无理的高压。……我悔不听他的忠告，终于搬到杭州去住了。结果不出他所料，被一位党部的先生[96]，弄得家破人亡。这一位吃党饭出身、积私财至数百万，曾经呈请中央党部通缉我们的先生，对我们做出比邻人[97]对待我们老百姓还更凶恶的事情……

倘若郁达夫听从鲁迅的忠告，不去杭州，他后半生的历史，就会是另一番光景，很可能不会毁家，因而也就不会出走南洋，牺牲在海角天涯的日寇屠刀下。

瞿秋白是中国共产党早期的领袖之一，也是位优秀的翻译家、作家。1931年1月，他在中共六届四中全会上，受到王明的打击，被排斥于中央领导层之外。他只好一面养病，一面从事翻译并参加"左联"的工作，并开始与鲁迅交往。1932年11月下旬，瞿秋白、

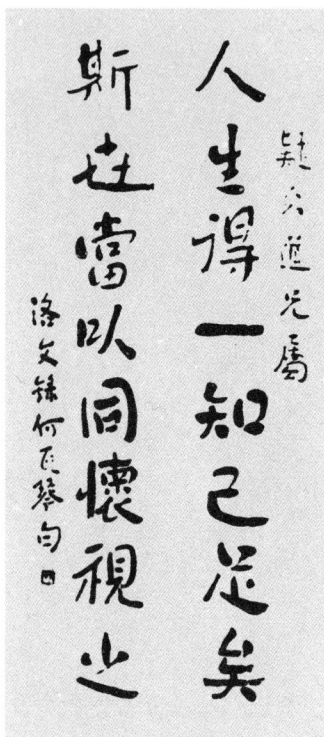

人生得一知己足矣
斯世当以同怀视之

疑文延先属
洛文錄何瓦琴句 □

鲁迅书赠瞿秋白对联

杨之华夫妇至鲁迅家中避难。过了几天，鲁迅从北京省亲返沪，见
面后，即倾心畅谈。住了一个多月后，由当时在上海任全国总工会
党团书记的陈云亲自到鲁迅寓所，将瞿秋白夫妇转移他处。临别
时，他再三叮嘱秋白："今晚上你平安到达后，明天叫个人来告诉
我一声，免得我担心。"[98] 次年2月初，瞿秋白夫妇住所情况不妙，
又第二次避难到鲁迅家里。他们共同选编了《萧伯纳在上海》一
书，假托野草书屋名义，自费出版。一个月后，瞿秋白夫妇搬到一
个较安全的住所，鲁迅去看望。瞿秋白将鲁迅以洛文署名相赠的对
联——"人生得一知己足矣，斯世当以同怀视之"[99] 挂在墙上。二

人友谊之深，于此可知。杨之华在 20 世纪 50 年代曾深情地回忆道：

> 鲁迅几乎每天到东照里来看我们，和秋白谈论政治、时事、文艺各方面的事情，乐而忘返……秋白一见鲁迅，就立刻改变了不爱说话的性情，两人边说边笑，有时哈哈大笑，冲破了像牢笼似的小亭子间里不自由的空气。我们舍不得鲁迅走，但他走了以后，他的笑声、愉快和温暖还保留在我们的小亭子间里。特别是鲁迅留下来的书给秋白很多的安慰。[100]

此后，瞿秋白又第三次在鲁迅家中避难。但这次住的时间较短。从这年的春天到深秋，瞿秋白勤奋写作，写出几乎与鲁迅难分伯仲的杂文《王道诗话》《出卖灵魂的秘诀》《最艺术的国家》《内外》等十二篇，经鲁迅看过并修改，请人抄写，用鲁迅的名义发表，后均由鲁迅编入《伪自由书》《南腔北调集》《准风月谈》杂文集中，以利保存、流传，成为文坛佳话。瞿秋白还在短时间内编成《鲁迅杂感选集》，并作序；这篇序言，是早期研究鲁迅的典范性论文，影响深远。鲁迅后来给曹靖华的信中，说："我的选集，实系出于它兄[101]之手，序也是他作，因为那时他寓沪缺钱用，弄出来卖几个钱的。"

1935 年初夏，鲁迅接到瞿秋白在上杭狱中的信，鲁迅曾打算变卖家产营救他，甚至发起公开营救的抗议运动，但他也觉得此事太重大，难有希望，"何能为"。他在给曹靖华的信中说："闻它兄大病，且甚确，恐怕很难医好的了；闻它嫂却甚健。""这在文化上的损失，真是无可比喻。"瞿秋白牺牲后，鲁迅悲愤地告诉友人："它兄的事是已经结束了，此时还有何话可说。"他在写给胡风先生的信中，说打开瞿秋白的一包稿子，"有译出的高尔基《四十年》的四五页，这真令人看得悲哀"。为了纪念亡友，他扶病编辑瞿秋白的译文，并嘱托内山书店寄往日本，印成了两册精美的《海上述林》。上册终于在鲁迅生前出版。封面上的书名和书脊及封面上的作者名"STR"[102]都是鲁迅亲笔书写的，署"诸夏怀霜社校印"，"霜"是秋白的原名，意即全中国都在怀念瞿秋白。这对瞿秋白烈士，是永恒的纪念。

刘半农，诗人、语言学家。原名寿彭，后改名复，字半农，笔名含星、寒星等。江苏江阴人。1907年入常州中学读书。辛亥革命爆发后投身革命军，后任报刊编辑。1917年应陈独秀邀请任北京大学预科教员，参加《新青年》编委，从事文学革命。这是刘半农生命最闪光的时期。文学革命兴起后，由于一时尚未显示出影响力之大，开始没有公开的反对者。《新青年》同人"颇以不能听见反抗的言论为憾"，于是演了一出"双簧戏"，由钱玄同化名王敬轩，汇集了守旧派、复古派攻击文学革命的种种论调，以他们的口吻拟了一封信；再由刘半农著文逐一驳斥，同时在《新青年》[103]上刊出，算是对文学革命的反响。这期《新青年》出版后，反响热烈。

鲁迅在回忆文章中说："……他到北京……是《新青年》里的一个战士。他活泼，勇敢，很打了几次大仗。譬如罢，答王敬轩的双簧信，'她'字和'它'字的创造，就都是的。这两件，现在看起来，自然是琐屑得很，但那是十多年前，单是提倡新式标点，就会有一大群人'若丧考妣'，恨不得'食肉寝皮'的时候，所以的确是'大仗'。"[104]他与刘半农相处很好，觉得"半农却是令人不觉其有'武库'的一个人，所以我佩服陈胡（按：指陈独秀、胡适），却亲近半农"[105]。

1926年，刘半农给上海的鲁迅写信，请他为自己发现并将重新付梓的清初小说《何典》作序，鲁迅写了，说当初曾在《申报馆书目续集》上看到此书的提要，疑其颇别致，于是留心访求，但苦无所获。"今年半农告我已在厂甸庙市中无意得之，且将校点付印；听了甚喜……得知又有文士之徒在什么报上骂半农了，说《何典》广告怎样不高尚，不料大学教授而竟堕落至于斯。这颇使我凄然……"[106]虽然对半农丢开自己的学术专长音韵学，干这种事，不无微词，但他愿意作序，表明了他与刘半农仍保持着友谊。但是，后来刘半农渐渐倒退，写无聊的打油诗，嘲笑青年学子大学试卷上的错别字，弄烂古文，甚至自承没落。所有这些，都使鲁迅痛心、反感，几乎断绝往来。但是，刘半农因去内蒙古考察，患"回归热"病去世后，鲁迅却深深怀念这位有缺点的战士、朋友的旧谊，愤然于一些人对刘半农的歪曲，著文严肃、公正地评价刘半农。他指出：

半农先生一去世，也如朱湘庐隐两位作家一样，很使有些刊物热闹了一番。这情形，会延得多么长久呢，现在也无从推测。但这一死，作用却好像比那两位大得多：他已经快要被封为复古的先贤，可用他的神主来打"趋时"的人们了。……

古之青年，心目中有了刘半农三个字，原因并不在他擅长音韵学，或是常做打油诗，是在他跳出鸳蝴派，骂倒王敬轩，为一个"文学革命"阵中的战斗者。……

我并不在讥刺半农先生曾经"趋时"，我这里所用的是普通所谓"趋时"中的一部分："前趋"的意思。他虽然自认"没落"，其实是战斗过来的，只要敬爱他的人，多发挥这一点，不要七手八脚，专门把他拖进自己所喜欢的油或泥里去做金字招牌就好了。[107]

　　而在另一篇专文里，则更以分明的爱憎、真挚的友情，鲜明地总结了刘半农的一生：

　　　　我爱十年前的半农，而憎恶他的近几年。这憎恶是朋友的憎恶，因为我希望他常是十年前的半农，他的为战士，即使"浅"罢，却于中国更为有益。我愿以愤火照出他的战绩，免使一群陷沙鬼将他先前的光荣和死尸一同拖入烂泥的深渊。[108]

　　在鲁迅一生中，他虽然憎恶，却仍不失友情的，其声名卓著者，当数林语堂（1895～1976）。

　　林语堂是作家、语言学家。原名林和乐、林玉堂，笔名宰我、萨天师等，福建龙滨（今龙海）人。早年攻读于上海圣约翰大学，后至北京大学任教。其后又去美国、德国留学，获语言学博士学位。1922年回国后，再度任教北京大学。鲁迅在北京时，与林语堂即有往来，而且不仅仅是文稿的邀约。林语堂敬重鲁迅，鲁迅去厦门大学教书，就是林语堂推荐的。"对于林语堂和'论语派'，鲁迅的了解最深，争取、批评和斗争也最力。"[109]鲁迅肯定他当年写的《剪拂集》，但对他创办的《论语》所表现的不良倾向，则常常批评甚至斗争。他先后写了《从讽刺到幽默》《从幽默到正经》《"论语一年"》《小品文的危机》《帮闲法发隐》等文章，指出金圣叹式的"将屠户的凶残，使大家化为一笑，收场大吉"式的幽默，实在是有害于世道人心。尽管如此，鲁迅看在老朋友的分上，仍然给《论语》供稿，继续写了杂文中标题最长、令人难忘的《由中国女人的脚，推定中国人之非中庸，又由此推定孔夫子有胃病》及《王化》等杂文。1934年8月13日，鲁迅在给友人曹聚仁的信中，意味深长地说：

　　语堂是我的老朋友，我应以朋友待之，当《人间世》还未出世，《论语》已很无聊时，曾经竭了我的诚意，写一封信，劝他放弃这玩意儿，我并不主张他去革命，拼死，只劝他译些英国文学名作，以他的英文程度，不但译本于今有用，在将来恐怕也有用的。他回我的信是说，这些事等他老了再说。这时我才悟到我的意见，在语堂看来是暮气，但我至今还自信是良言，要他于中国有益，要他在中国存留，并非要他消灭。他能更急进，那当然很好，但我看是决不会的，我决不出难题给别人做。不过另外也无话可说了。

　　看近来的《论语》之类，语堂在牛角尖里，虽愤愤不平，却更钻得滋滋有味，以我的微力，是拉他不出来的。……[110]

　　对于林语堂，鲁迅尽心尽力，虽常常道不同，却仍相与谋，作为老友，他无负故人。

鲁迅与弟子

　　鲁迅教过师范、大学，桃李甚众。在老学生中，与他关系最密切的，当数孙伏园（1894～1966）。

　　孙伏园原名福源，与鲁迅同乡。他在绍兴初级师范学校读书时，校长就是鲁迅。1911 年元旦这天，孙伏园是终生难忘的。阴历十一月十三日的午饭时分，学校得到消息，说"革命政府今日成立于南京，改用阳历，今日就是阳历的元旦"。午饭后，鲁迅召集全校学生谈话，简略地说明了阴阳历的区别，及革命政府采取阳历的意义，末了宣布本日下午放假以示庆祝。[111]孙伏园担任他所在年级的级长，与鲁迅有较多的接触机会。鲁迅有时候也自己代课，代

瞿秋白画的阿 Q

国文教员改文，对学生多所鼓励。有次孙伏园写了恭贺南京政府
成立并改用阳历为题的作文，鲁迅很欣赏，写下"嬉笑怒骂皆成文
章"的八字评语。后来孙伏园说，"直到现在廿五年了，我对这八
个字还惭愧"[112]，他觉得没能达到老师的期望。但一个青年学子，
能得到校长兼老师这样高的评价，至为难得，促成了他毕生从事文
化工作，所写杂文，也深得鲁迅笔法。1918 年，孙伏园进北京大
学读书，次年参加了伟大的"五四运动"。在鲁迅等新文化的启蒙
者的帮助下，他主办的《晨报》副刊成了新文化运动的重要阵地。
1924 年冬，他应《京报》总编辑邵飘萍的邀请，出任副刊主编，鲁
迅在此刊上发表的文章多达四十余篇。孙伏园不时写信向鲁迅请
教，鲁迅则回信教诲，有时则主动给孙伏园写信，提出建议。如
1923 年元月 12 日，给孙伏园写信谓：

伏园兄：

今天《副镌》[113]上关于爱情定则的讨论只有不相干的两
封信，莫非竟要依了钟孟公先生的"忠告"，逐渐停止了么？

　　先前登过的二十来篇文章，诚然是古怪的居多，和爱情定则的讨论无甚关系，但在别一方面，却可作参考，也有意外的价值。这不但可以给改革家看看，略为惊醒他们黄金色的好梦，而"足为中国人没有讨论的资格左（佐）证"，也就是这些文章的价值之所在了。……

　　至于信中所谓揭出怪论来便使"青年出丑"，也不过是多虑，照目下的情形看，甲们以为可丑者，在乙们也许以为可宝，全不一定，正无须乎替别人如此操心……

　　以上是我的意见：就是希望不截止。若夫究竟如何，那自然是由你自定，我这些话，单是愿意作为一点参考罢了。[114]

　　鲁迅的《阿Q正传》，是饮誉世界文坛的名著。但这部小说的成因，在很大程度上，是鲁迅、孙伏园师生友谊的产物。1926年冬，鲁迅在《〈阿Q正传〉的成因》一文中写道：

　　……这篇东西的成因，说起来就要很费功夫了。

　　那时我住在西城，知道鲁迅就是我的，大概只有《新青年》《新潮》社里的人们罢；孙伏园也是一个。他正在晨报馆编副刊。不知是谁的主意，忽然要添一栏称为"开心话"的了，每周一次。他就来要我写一点东西。

　　阿Q的影像，在我心目中似乎确已有了好几年，但我一向毫无写他出来的意思。经这一提，忽然想起来了，晚上便写了一点，就是第一章：序。因为要切"开心话"这题目，就胡乱加上些不必有的滑稽……

　　第一章登出之后，便"苦"字临头了，每七天必须做一篇……伏园虽然还没有现在这样胖，但已经笑嘻嘻，善于催稿了。每星期来一回，一有机会，就是："先生，《阿Q正传》……明天要付排了。"于是只得做……终于又一章。但是，似乎渐渐认真起来了；伏园也觉得不很"开心"，所以从第二章起，便移在"新文艺"栏里。……

　　《阿Q正传》大约做了两个月，我实在很想收束了，但我已经记不大清楚，似乎伏园不赞成，或者是我疑心倘一收束，他会来抗议，所以将"大团圆"藏在心里，而阿Q却已经渐渐向死路上走。到最末的一章，伏园倘在，也许会压下，而要求放阿Q多活几星期的罢。但是"会逢其适"，他回去了，代庖的是何作霖君，于阿Q素无爱憎，我便将"大团圆"送去，他便登出来。待到伏园回京，阿Q已经枪毙了一个多月了。纵令伏园怎样善于催稿，如何笑嘻嘻，也无法再说"先生，《阿Q正传》……"[115]

　　于此可见，《阿Q正传》的写作，从开头到结束，与孙伏园的关系太大了。鲁迅寥寥几笔，就把他的弟子生动地展现在我们的面前。孙伏园从《晨报》跳到《京报》，也是为了鲁迅。1924年10月的一天，孙伏园将鲁迅的打油诗《我的失恋》编入《晨报》副刊，在见报的前一天晚上，他看大样时，发现鲁迅的诗被代理总编辑刘勉己抽掉了，他气愤至极，次日便辞去《晨报副刊》编辑，"以示抗议"。可见他对鲁迅的感情是多么深厚！鲁迅对孙伏园的关怀，也是无处不在。他与孙伏园一起旅行时，常常给伏园打铺盖。伏园很感动，曾把这事比为耶稣替门徒洗脚[116]。鲁迅逝世后，他写了《哭鲁迅先生》，以后又陆续写了回忆鲁迅、分析其作品的文章，结集为《鲁迅先生二三事》一书。孙伏园说鲁迅"他永远在奋斗的途中"[117]，堪称知师之论。

　　20世纪30年代，很多青年作家都尊奉鲁迅为导师，鲁迅对一些青年作家，也确实表现了无微不至的关怀，堪称不是弟

鲁迅与周建人（前排左一）、许广平（前排中）、孙福熙（后排左一）、林语堂（后排中）、孙伏园（后排右）合影（鲁迅博物馆专家王得后先生提供）

子[118] 胜似弟子，彼此间情谊深长。萧军（1907～1988）、萧红（1911～1942）就是著名的一例。

萧军原名刘鸿霖，原籍辽宁义县。笔名刘军、田军。萧红本名张乃莹，又名悄吟，生于黑龙江呼兰县。萧红身世凄凉，在被哈尔滨一家旅馆老板扣作人质的困境中，萧军泅水（当时哈尔滨正发大水）将她救出来，以后在一起同居。1934年5月，他们不堪日寇欺压，流亡青岛。出于对鲁迅的景仰，10月初，萧军给他写了一封信，并附上萧红在青岛写成的长篇小说《生死场》手稿，和他俩合著的小说散文集《跋涉》，请求鲁迅的支持和帮助。鲁迅很快在10月9日就回了信，针对萧军信中"现在要什么"的提问，告诉他："不必问现在要什么，只要问自己能做什么。现在需要的是斗争的文学，如果作者是一个斗争者，那么，无论他写什么，写出来的东西一定是斗争的。"并表示"可以看一看"他和萧红的作品，告诉他俩自己的通信地址：内山书店转收。[119] 鲁迅的回信，给萧军、萧红带来了巨大的希望。这个月的月底，萧军、萧红来到上海，住在市区的一间亭子间，不断与鲁迅书信往来。鲁迅告诫他们，"上海有一批'文学家'，阴险得很，非小心不可"[120]，"稚气的话，说说并不要紧，稚气能找到真朋友，但也能上人家的当，受害。上海实在不是好地方，固然不必把人们看成虎狼，但也切不可一下子就推心置腹"[121]。11 月 30 日，萧军、萧红在内山书店第一次与鲁迅先生会面，交给鲁迅萧军《八月的乡村》原稿，鲁迅还借给他俩二十元钱。萧军、萧红都很感动。会面后，他俩写了两封长信给鲁迅，鲁迅在 12 月 6 日即复了一封长信，很动情地写道：

> ……我知道我们见面之后，是会使你们悲哀的，我想，你们单看我的文章，不会料到我已这么衰老。但这是自然的法则。……
>
> 来信上说到用我这里拿去的钱时，觉得刺痛，这是不必要的。我固然不收一个俄国的卢布，日本的金圆，但因出版界上的资格关系，稿费总比青年作家来得容易，里面并没有青年作家的稿费那样的汗水的——用用毫不要紧。而且这些小事，万不可放在心上，否则，人就容易神经衰弱，陷入忧郁了。
>
> 来信又愤怒于他们之迫害我。这是不足为奇的，他们还能做什么别的？我究竟还要说话。你看老百姓一声不响，将汗血贡献出来，自己弄到无衣无食，他们不是还要老百姓的性命吗？[122]

显然，鲁迅对萧军、萧红的才华、人品有了进一步了解，很快成了忘年交，对萧红更似乎有父女般的情义。1935 年 11 月 6 日，鲁迅设家宴招待萧军、萧红，公开住处，欢迎他们随时登门造访。从此，萧军、萧红成了鲁迅家的常客。萧红在很长一个时期内，更是每天吃好晚饭便去。他满腔热忱地给萧军的《八月的乡村》作序，指出：

> ……《八月的乡村》……严肃，紧张，作者的心血和失去的天空，土地，受难的人民，以至失去的茂草……鲜红的在读者眼前展开，显示着中国的一份和全部，现在和未来，死路与活路。凡有人心的读者，是看得完的，而且有所得的。[123]

鲁迅看了萧红的《生死场》后，曾托人把这部稿子送到各方面去"兜售"，希望能顺利出版。但旅行了快近一年，也没有找到出路。后来萧军、萧红"弄到了一点钱，决定把它作为《奴隶丛书》之三来自己出版了"[124]。鲁迅在《生死场》的序中说：

> 这自然还不过是略图，叙事和写景，胜于人物的描写，然而北方人民的对于生的坚强，对于死的挣扎，却往往已经力透纸背；女性作者的细致的观察和越轨的笔致，又增加了不少明丽和新鲜……《生死场》，她才会给你们以坚强和挣扎的力气。[125]

《八月的乡村》《生死场》的相继出版，受到了读者的广泛注目，奠定了萧军、萧红在文学界的地位，以后他们不断有新作问世。1936年夏天，萧红只身东渡日本。病中正发着烧的鲁迅，特设家宴为她送行。1936年10月21日，萧红在东京得知鲁迅去世的消息，哀痛至极，写了散文《海外的悲悼》，还在当地日华学会会堂主持了文学青年悼念鲁迅的活动。[126]以后，她又写出清纯如山泉细流的散文《鲁迅先生记》《回忆鲁迅先生》，追忆鲁迅对她的关怀，她和鲁迅一家

萧军、萧红未与鲁迅见面前，
特地寄给鲁迅的照片

的真挚友谊。1940 年初，她拖着患肺结核、经常咳嗽、头痛的病体，参加了香港文化界纪念鲁迅六十诞辰的活动，并为这个活动撰写了哑剧剧本《民族魂鲁迅》。[127] 两年后，她就在贫病交加中，孤独地告别人间。萧军在得知鲁迅去世的消息后，急忙赶赴鲁迅家中，直奔楼上，跪在鲁迅的遗体前，失声痛哭。

鲁迅对于韦素园、叶永蓁、叶紫、柔石、殷夫等一大批作家，都伸出过友谊之手，成为他们的"人梯"。

1931 年 2 月，柔石、李伟森、殷夫、胡也频、冯铿五位青年作家被捕，后被国民党秘密杀害于上海龙华。鲁迅时正避难于旅馆，闻讯后，悲愤不已，写下这首著名的七律：

惯于长夜过春时，挈妇将雏鬓有丝。
梦里依稀慈母泪，城头变幻大王旗。

忍看朋辈成新鬼，怒向刀丛觅小诗。

吟罢低眉无写处，月光如水照缁衣。[128]

并在文章中写道："前年的今日，我避在客栈里，他们却是走向刑场了……我又沉重的感到我失掉了很好的朋友，中国失掉了很好的青年……夜正长，路也正长，我不如忘却，不说的好罢。但我知道，即使不是我，将来总会有记起他们，再说他们的时候的……"[129]其实，说是为了忘却，正是为了永不忘却，正是对烈士英灵最好的告慰。

郭沫若与瞿秋白

1935 年 2 月，受王明"左"倾机会主义路线排挤，被迫在红军长征后，以抱病之身留在苏区打游击的瞿秋白，于长汀被国民党军队宋希濂部俘获，关押在三十六师师部。在他就义的二十天前，他通过该师军医陈冰炎，给郭沫若写了一封信。

沫若：

多年没有通音问了，三四年来只在报纸杂志上偶然得知你的消息。记得前年上海的日本新闻纸上曾经说起西园寺公去看你，还登载了你和孩子的照相。……可怜的我们，有点像马戏院里野兽。最近你也一定会在报纸上读到我的新闻，甚至我的小影，想来彼此有点同感罢？……

……创造社在"五四运动"之后，代表着黎明期的浪漫主义运动，虽然对于"健全的"现实主义的生长给了一些阻碍，然而它确实杀开了一条血路，开辟了新文学的途径。而后来就

像触了电流似的分解了。……时代的电流是最强烈的力量，像
我这样脆弱的人物，也终于禁不起了。历史的功罪，日后自有
定论，我是不愿多说，不过我想自己既有自知之明，不妨尽量
地披露出来，使得历史档案的书架上材料更丰富些，也可以免
得许多猜测和推想的考证功夫。……

　　还记得武汉我们两个人一夜喝了三瓶白兰地吗？当年的豪
兴，现在想来不免哑然失笑，留得个温暖的回忆罢。愿你勇猛
精进！

瞿秋白

一九三五、五、二十八汀州狱中

　　事实上，这封信正是写于《多余的话》完稿后七天。瞿秋白在
信中，完全向郭沫若敞开心扉，直抒胸臆。如果没有对郭沫若的高
度信任和深厚友谊，他不会写这样的信。

　　郭沫若与瞿秋白的友谊，缔结于1927年的大革命前夕。经历了
1925年的"五卅惨案"后，郭沫若与国家主义者的"孤军派""醒
狮派"论战。1925年冬天的某日下午，时任中共中央政治局委员的
瞿秋白，在作家、诗人蒋光慈的陪同下，去上海郭沫若家中拜访。
后来，郭沫若在他的自传《学生时代》中，记述了他们的见面情
形，说"秋白的面孔很惨白，眼眶的周围有点浮肿。他有肺病，我
早是晓得的，看到他的脸色却不免使我吃惊。他说，他才吐了一阵
血，出院才不久"。他们就"孤军派"、为已经恢复的《新青年》供
稿等问题，畅谈了一个多小时。1926年2月，郭沫若去了大革命的
策源地广州，而此行却是瞿秋白推荐的。这一推荐，影响了郭沫若
的一生。倘若没有瞿秋白的推动，"郭沫若1926年以后的历史就要
改写了"。郭沫若的参加北伐和南昌起义等，便无从谈起。瞿秋白

牺牲后，郭沫若深切地怀念着他。1939 年 7 月 16 日，在重庆纪念
高尔基逝世三周年的大会上，郭沫若热情奔放地朗诵了瞿秋白译的
高尔基的《海燕》诗。他在朗诵前，动情地说："《海燕》的中译文
很多，但今天选的是瞿秋白先生翻译的。瞿秋白先生在中国革命过
程中，奉献给我国民族了。今天纪念高尔基先生，朗诵瞿秋白先生
的译文，也是纪念瞿秋白先生。"[130] 1959 年，郭沫若在上海人民
出版社的《瞿秋白笔名印谱》上题写七绝一首："名可屡移头可断，
心凝坚铁血凝霜。今日东方吹永昼，秋阳皓皓似春阳。"这是对瞿
秋白烈士的深情颂歌。

第二节　英雄若是无儿女，青史河山更寂寥

柳永与"吊柳会"

柳永，字耆卿，初名三变，祖籍福建崇安，大约生活于987年至1053年。他是北宋前期著名的词作家。妓女在阶级社会，是有权有势者剥削、玩弄、损害的对象，封建统治者根本不把她们当成人来看待。然而，柳永的词，却写出了对她们的深切同情、真挚的感情、美好的祝福。他置身于妓女、乐工中间，同她们建立了深厚的友谊。时人记载：柳永还是个年轻举人时，即常与妓女交游，为她们写歌词，"教坊乐工每得新腔，必求为词，始行于世，于是声传一时"[131]。他甚至为此做出了牺牲。在进士应试之前，他曾写过一网《鹤冲天》：

> 黄金榜上，偶失龙头望。明代暂遗贤，如何向？未遂风云便，争不恣游狂荡。何须论得丧？才子词人，自是白衣卿相。
>
> 烟花巷陌，依约丹青屏障。幸有意中人，堪寻访。且恁偎红倚翠，风流事，平生畅。青春都一饷，忍把浮名，换了浅斟低唱。

这首词不胫而走，传到了宋仁宗（1010～1063）的耳朵里，以致在柳永考进士临发榜时，特地把他的名字勾掉，说："且去浅斟

低唱，何要浮名？"[132] 后又有人向仁宗推荐柳永，希望朝廷任用他，仁宗说："得非填词柳三变乎？……且去填词！"由是不得志，日与僎子纵游娼馆酒楼间，无复俭约。自称云：奉圣旨填词柳三变。[133] 虽然仕途断送，他与妓女、乐工间的友谊却更深厚了。他写妓女的离愁别绪，留下了堪称千古绝唱的《雨霖铃》：

> 寒蝉凄切，对长亭晚，骤雨初歇。都门帐饮无绪，留恋处，兰舟催发。执手相看泪眼，竟无语凝噎。念去去千里烟波，暮霭沉沉楚天阔。
>
> 多情自古伤离别，更那堪、冷落清秋节！今宵酒醒何处？杨柳岸，晓风残月。此去经年，应是良辰好景虚设。便纵有千种风情，更与何人说！

而在《蝶恋花》（即《凤栖梧》）中，更写出了他对妓女的一往情深，无怨无悔："……拟把疏狂图一醉，对酒当歌，强乐还无味。衣带渐宽终不悔，为伊消得人憔悴。"正因为柳永把妓女视为知己，倾心相交，因而赢得了妓女的尊敬、爱戴。相传柳永"死之日，家无余财，群妓合金葬之"，"每寿日上冢，谓之吊柳七"。[134] 甚至每遇清明节，妓女、词人携带酒食，饮于柳永墓旁，称为"吊柳会"。[135] 后来的话本还据此传有名篇《众名妓春风吊柳七》[136]，影响深远。柳永把自己大半生的真情实感献给了妓女，妓女们把他当成亲人对待、怀念，他们的友谊是永恒的。

苏东坡与琴操

琴操是苏东坡（1037～1101）任杭州知府时所认识的妓女中的

明刊本《诗余画谱》"雨霖铃"插图　　　众名姬春风吊柳七

才女。她的逸事甚多，包括与苏东坡交往的种种趣闻。东坡的好友
秦少游（1049～1100）有首著名的词《满庭芳》：

> 山抹微云，天连衰草，画角声断谯门。暂停征棹，聊共引
> 离尊。多少蓬莱旧事，空回首烟霭纷纷。斜阳外，寒鸦数点，
> 流水绕孤村。
>
> 销魂当此际，香囊暗解，罗带轻分，谩赢得青楼薄幸名存。
> 此去何时见也，襟袖上空有啼痕。伤情处，高城望断，灯火已黄昏。

这首词用的是门字韵，是写给他所眷恋的某歌妓的，情意悱恻
而寄托深远，是宋词中的杰作。有一天，西湖边上有人闲唱这首
《满庭芳》，偶然唱错了一个韵，把"画角声断谯门"误唱成"画角

明刊本《苏子瞻泛月游赤壁》插图

声断斜阳"。刚好琴操听到了，说：你唱错了，是"谯门"，不是"斜阳"。此人戏曰："你能改韵吗？"琴操当即将这首词改成阳字韵，成了面貌一新的词：

> 山抹微云，天连衰草，画角声断斜阳。暂停征辔，聊共饮离觞。多少蓬莱旧侣，频回首烟霭茫茫。孤村里，寒烟万点，流水绕红墙。
>
> 魂伤当此际，轻分罗带，暗解香囊，谩赢得青楼薄幸名狂。此去何时见也？襟袖上空有余香。伤心处，长城望断，灯火已昏黄。

经琴操这一改，换了不少文字，但仍能保持原词的意境、风格，丝毫无损原词的艺术成就，若非大手笔，岂能为也！苏东坡读了琴操的改词后，非常欣赏。[137]后来，东坡在湖畔与琴操开玩笑说："我作长老，尔试来问。"琴操说："何谓湖中景？"东坡答道："秋水共长天一色，落霞与孤鹜齐飞。"琴操又问："何谓景中人？"东坡道："裙拖六幅潇湘水，鬓亸巫山一段云。"再问："何谓人中意？"答曰："惜他杨学士，憋杀鲍参军。"琴操又说："如此究竟如何？"东坡答道："门前冷落车马稀，老大嫁作商人妇。"琴操"大悟，即削发为尼"。[138]这也许是东坡惜琴操之才，指给她一条早脱苦海、能得善终的路。

严蕊与唐仲友

严蕊（1163年前后在世），字幼芳，南宋时天台（今属浙江，当时为台州属县）军营里的一位妓女。宋人周密的《癸辛杂识》称她"善琴弈、歌舞、丝竹、书画，色艺冠一时。间作诗词，有新语。颇通古今"，可见是一位沦落风尘的才女。由于她的才名远播，又善于交际，四面八方的士人，有不远千里而登门求见的。台州（今浙江临海县）的地方长官唐与正，字仲友，以字行，很欣赏她的才华，有次饮酒时，要严蕊赋红白桃花，严蕊很快就吟成《如梦令》一首：

道是梨花不是，道是杏花不是。白白与红红，别是东风情味。曾记，曾记，人在武陵微醉。

唐仲友赞扬此词写得好，赏给她两匹细绢。七月七日是乞巧节，民间相传，这天晚上牛郎织女将在天河渡鹊桥相会。唐仲友在府中设宴应景。来宾中有位谢元卿，为人豪放，久闻严蕊的大名，请她即席赋词，以自己的姓为韵。正在饮酒间，严蕊已填成《鹊桥仙》一首：

　　碧梧初出，桂花才吐，池上水花微谢。穿针人在合欢楼，正月露玉盘高泻。蛛忙鹊懒，耕慵织倦，空做古今佳话！人间刚道隔年期，指天上方才隔夜！

　　谢元卿对此词赞不绝口，留严蕊同居了半年，倾囊相赠。道学家朱熹和唐仲友本来有私仇，恰好巡查到台州，想打击唐仲友，便罗织罪名，诬蔑严蕊和唐仲友有不正当关系，把严蕊投进监牢一个多月，严刑逼供。严蕊虽然一再被拷打，但没说一句不利于唐仲友的话。后又被移籍绍兴，继续关在狱中审讯，严蕊始终未改口。狱吏花言巧语地诱导她说："你何苦不早点认罪，也不过是杖罪，何况已经断罪，不会再加刑，何必受这样大的苦？"严蕊答道："我被人看成是下贱的妓女，即使是与唐太守有不干不净的关系，按刑律也不至于判死罪。但是非真伪，岂可妄言，我就是死也绝不诬告！"她的话说得这样坚决，于是再一次被毒打。两个月内，一再被杖打，人已经奄奄一息。但她的坚贞不屈的精神，感动了很多人，名声更大了。不久，朱熹调离，岳霖继任。岳霖很同情她，叫她写词申诉，严蕊不假思索地口占《卜算子》一首，要求脱离妓女的苦海，自由地生活，辞意委婉，但意志坚定。全词是：

　　不是爱风尘，似被前缘误。
　　花落花开自有时，总赖东君主。
　　去也终须去，住也如何住！
　　若得山花插满头，莫问奴归处。

岳霖看后，当即下令释放从良，后来严蕊嫁人，得其善终。[139]
明末凌濛初编的《二刻拍案惊奇》卷一二《硬勘案大儒争闲气　甘
受刑侠女著芳名》，写的就是严蕊的故事，称颂她是"真正讲得道
学的"，是一位铁骨铮铮的侠女。

义娼高三与杨俊

　　明朝北京的妓女高三，论其侠义精神，比起严蕊有过之而无不
及。高三自幼美姿容，昌平侯杨俊一见倾心，遂成相好。后来杨俊
捍卫北部边疆数年，远离高三，高三闭门谢客，等待杨俊归来。天
顺元年（1457），英宗复辟，杨俊为奸臣石亨所忌，上疏诬称英宗被
瓦剌围困陷土木堡时，杨俊坐视不救，朝廷命斩杨俊于市。临刑之
日，杨俊的众多亲朋故旧，没有一个人到场，只有高三穿着素服，
哀痛欲绝，并大呼"天乎，奸臣不死而忠臣死乎！"[140]候刑毕，
高三亲自用舌将杨俊的血污舔干净，用丝线将他的头与颈缝好，买
棺葬之，自己也上吊而死。[141]她以悲壮的行动，表明了青楼女子
也有知情义者，为了不忘与杨俊的恩爱，她甘愿献出一切。

冒襄与陈圆圆

　　冒襄（字辟疆）与陈圆圆都是明清易代之际带有传奇色彩的人
物。冒襄与董小宛的生死恋情、陈圆圆与吴三桂的悲欢离合，三百
多年来常常被人们提起。其实，冒襄在与董小宛结缡之前，也曾与
陈圆圆一见钟情，并私订终身。

　　那是崇祯十四年（1641）的初春时节，冒辟疆由家乡如皋动身，
去湖南拜见在宝庆府做官的父亲冒起宗，与他同船的有到广东惠来

赴知县任的如皋籍进士许直。途经苏州，停船暂歇。有天许直赴宴归来，眉飞色舞地对冒襄说："这里有位陈圆圆，很会演戏，不可不见。"冒襄便请他带路，坐小舟前往拜访，折腾几次，好不容易才见到时龄十七岁的陈圆圆。后来，冒襄描述这次初见面的情景说：

> 其人淡而韵，盈盈冉冉，衣椒茧时背，顾湘裙，真如孤莺之在烟雾。是日演弋腔《红梅》，以燕俗之剧，咿呀啁啾之调，乃出之陈姬身口，如云出岫，如珠在盘，令人欲仙欲死。[142]

冒襄和陈圆圆彼此都一见钟情，言谈之间，不觉已是四更时分。无奈风雨骤至，陈圆圆急着要回家，冒襄拉着她的衣角，相约金秋时节再会。转眼间已是桂子飘香万里时，冒襄奉母从湖南回来，舟抵苏州，他急切地打听陈圆圆近况。想不到有消息说，她已被虐焰熏天的大恶棍绑架走了！冒襄非常失望。所幸没过几天，有位好友告诉他，被绑架的是假陈圆圆，真的已经躲入深巷，并由他带路，前往会面。陈圆圆看到冒襄，不啻喜从天降，感慨万千地告诉他，她每天躲在房里不敢露面，寂寞凄凉，非常想和冒襄彻夜长谈，向他倾吐自己的满腹心事。但冒襄却惦念老母在舟，运河很不太平，宦官争夺河道，飞扬跋扈，他很不放心地连夜返回舟中。

第二天，陈圆圆便赶到船上，拜见冒襄的老母亲，并坚邀冒襄再去她家。冒襄踏月往见，陈圆圆深情地表示，决心嫁给冒襄为妾，终身与他为伴。开始，冒襄还顾虑重重，以老父正陷于农民起义军包围、处境险恶为辞，但两人毕竟情投意合，终于订下婚约，冒襄当场写了一首八绝句赠给陈圆圆。但迎娶之日则需在冒起宗能由襄阳兵备道调职至安全地区之后。因襄阳是农民军经常活动的地方，守土大吏随时都可能因失守封疆而被治重罪，冒家此时正千方百计打点活动为冒起宗调差，在没办成此大事前，冒襄没有心思，也不敢纳陈圆圆为妾。

星移斗转，到了次年的二月，终于传来消息，冒起宗已有希望调离襄阳了。冒襄这时正在常州，得信后便立即赶往苏州，想尽快告诉陈圆圆这一喜讯。但遗憾的是，十天前，陈圆圆已被崇祯皇帝宠妃的父亲、老色鬼、恶棍田弘遇抢走了！后来，她又被送给吴三桂，开始了渺渺茫茫、却牵动着整个国家政局的动荡一生。对此，冒襄只有跌足长叹。直到他的晚年，他也没有忘记与陈圆圆短促并以悲剧告终的恋情。他在回忆录《影梅庵忆语》中，写了与陈圆圆相恋的前前后后，只是慑于吴三桂的权势和其他一些政治因素的考虑，他没有写出陈圆圆的名字，而以陈姬代之，真可谓"伤心人别有怀抱"了。

吴伟业、钱谦益等人与柳敬亭的交往

柳敬亭（一说1592～？）是明清易代之际杰出的说书艺人，孔尚任的《桃花扇》对他有生动的刻画。在国变的多事之秋，他处在政治漩涡的中心，因而与政治、文化领域的众多名流，有过频繁的交往。

吴伟业是柳敬亭的好友。他们在崇祯十三年（1640）相识于金陵（南京），[143]以后有过不少往来。直到二十年后的顺治十七年（1660）冬天，昆腔艺人苏昆生拜访吴伟业，说："吾浪迹三十年，为通侯所知，今失路憔悴而来过此，惟愿公一言，与柳生并传足矣。"[144]所谓"与柳生并传"，是指吴伟业曾经为柳敬亭写过小传，名播文苑，苏昆生也想请吴伟业给他写几句话。吴伟业应邀作诗《楚两生行》赠之，并又为苏昆生单独写了《口占赠苏昆生》四首。在与苏昆生交谈时，吴伟业对这时逗留于松江马逢知军中、处境危艰的柳敬亭，依然深表关心。在《楚两生行》中，他深切怀念柳敬亭，诗谓：

> 一生挂颊高谈妙，君卿唇舌淳于笑，痛哭常因感旧恩，诙嘲尚足陪年少。途穷重走伏波军，短衣缚裤非吾好，抵掌聊分幕府金，褰裳自把江村钓。……我念邗江头白叟，滑稽幸免君知否？失路徒贻妻子忧，脱身莫落诸侯手。坎壈由来为盛名，见君寥落思君友。老去年来消息稀，寄尔新诗同一首。隐语藏名代客嘲，姑苏台畔东风柳。

吴伟业给柳敬亭写的小传，更使柳敬亭足以不朽，现节录如下：

> 柳敬亭者，扬之泰州人，盖曹姓，年十五，犷悍无赖，名已在捕中。走之盱眙，困甚，挟稗官一册，非所习也，耳剽久，妄以其意抵掌盱眙市，则已倾其市人……过江休大柳下，生攀条泫然，已抚其树，顾同行数十人曰："嘻，吾今氏柳矣。"……柳生……养气定词，审音辨物，以为揣摩……之扬州，之杭，之吴，吴最久，之金陵，所至与其豪长者相结，人人昵就生。其处己也，虽甚卑贱，必折节下之，即通显，敖弄无所诎……未几，有左兵之事。左兵者，宁南伯良玉军……驻皖城……守皖者杜将军弘域，于生为故人。宁南尝奏酒，思得一异客……进之……左大惊，自以为得生晚也……逮江上之变，生所携及留军中者亡散累千金，再贫困，而意气自如……乃复来吴中，每被酒，尝为人说故宁南时事，则欷歔洒泣。既在军

中久，其所谈益习，而无聊不平之气无所用，益发之于书，故晚节尤进云。[145]

据《梅村诗余》载，吴伟业又写过一首《沁园春》词，对柳敬亭的人格特别推崇：

客也何为，十八之年，天涯放游。正高谈挂颊，淳于曼倩，新知抵掌，剧孟曹丘。楚汉纵横，陈隋游戏，舌在荒唐一笑收。谁真假，笑儒生诳世，定本春秋。

眼中几许王侯，记朱履三千宴画楼，叹伏波歌舞，凄凉东市，征南士马，恸哭西州。只有敬亭，依然此柳，雨打风吹絮满头。关心处，且追陪少壮，莫话闲愁。

这"只有敬亭，依然此柳，雨打风吹絮满头"，对柳敬亭是多么崇高的评价。吴伟业还写过柳敬亭赞，概括了柳敬亭的生平为人。赞语谓：

颀而立，黔而泽；视若营，似有得。文士舌，武夫色；为伧楚，为谐给。丑而婉者其貌，佞而忠者其德。初即之也如惊，骤去之也如失。人以为此柳可爱，而吾笑为麻中之直。斯真天下之辩士，而诸侯之上客也欤！

钱谦益列入《清史》贰臣传，乾隆皇帝曾骂他"丧心无耻"。他作为万历、天启、崇祯的三朝元老，东林党重要成员，后来却在南京的弘光小朝廷中，投靠阉党。清兵南下后，又率先献礼投降，人品实在不佳。但是，他一生主江南文坛，诗文影响都很大。他与柳敬亭也过从甚密，有很深的友谊。柳敬亭为纪念左良玉，曾请人画了左良玉的像，钱谦益作《左宁南画像歌为柳敬亭作》，[146]希望柳敬亭能将左良玉的一生事迹编成传奇，"欲报恩门仗牙齿"，说给众百姓听。柳敬亭穷愁潦倒而死后，难以安葬，钱谦益特地写了《为柳敬亭募葬疏》[147]，文谓：

> 柳生敬亭，今之优孟也。长身疏髯，谈笑风生，齞齿牙，树颐颊，奋袂以登王侯卿相之座，往往于刀山血路、骨撑肉薄之时，一言导窾，片语解颐，为人排难解纷，生死肉骨。今老且耄矣，犹然掉三寸舌糊口四方，负薪之子溘死逆旅，旅榇萧然，不能返葬。伤哉贫也！优孟之后，更无优孟；敬亭之后，宁有敬亭？此吾所以深为天下士大夫愧。三山居士，吴门之异人也，独引为己责，谋卜地以葬其子，并为敬亭营兆域焉。敬亭曰：此非三山只手所能办也……某不愿开口向人，惟明公以一言先之。

这不仅使人们对柳敬亭的为人、艺术风貌有了进一步了解，而且表明，柳敬亭死后是埋葬在苏州一带的。

清初另一位著名诗人，与吴伟业、钱谦益号称"江左三大家"的龚鼎孳（1615～1673），在柳敬亭逗留北京时，为他作《沁园春》《贺新郎》二词，又曾邀数位友人听他说隋唐遗事。龚鼎孳在《赠柳叟敬亭同诸子限韵》二首中，有谓："白眼沧桑谁晋魏，朱门花月旧齐梁。谁交古道推梁峻，置驿通都愧郑庄。豪杰总留生面在，坐中毛发凛秋霜。"[148]在《赠柳敬亭文》中，更盛赞"敬亭吾老友，生平重然诺，敦行义，解纷排难，缓急可倚仗，有古贤豪侠烈之风。……余生平穷愁坎壈，周旋道路，独一白首故交"[149]。可见两人的交情是很深厚的。

冒襄一生好交友，与柳敬亭也是好友。柳敬亭最擅长说隋唐故事。孔尚任《桃花扇》第十三出《哭主》，写柳敬亭说秦叔宝，眉批曰："秦琼见姑娘，柳老绝技也。"冒襄也很喜欢他说隋唐故事，曾有诗曰："游侠髯麻柳敬亭，诙谐笑骂不曾停。重逢快说隋家事，又费河亭一日听。"[150]可见雅爱之深。

张岱（1597~1679）与柳敬亭的交谊，也是令人注目的。

张岱字宗子，又字石公，号陶庵，又号蝶庵，山阴（今绍兴市）人。是清初著名的文学家、史学家，著有《琅嬛文集》《夜航船》《陶庵梦忆》《西湖梦寻》《石匮书后集》等多种。他的散文、小品，更是脍炙人口。他写的《柳敬亭说书》，是记录柳敬亭艺术风采的第一手资料，也是中国曲艺史上的名篇。文谓：

> 南京柳麻子，黧黑，满面疤瘤，悠悠忽忽，土木形骸。善说书。一日说书一回，定价一两。十日前先送书帕下定，常不得空。……余听其说"景阳冈武松打虎"白文，与本传大异。其描写刻画，微入毫发，然又找截干净，并不唠叨。哼夬声如巨钟。说至筋节处，叱咤叫喊，汹汹崩屋。武松到店沽酒，店内无人，謈地一吼，店中空缸空甓皆瓮瓮有声。闲中着色，细微至此。……其疾徐轻重，吞吐抑扬，入情入理，入筋入骨，摘世上说书之耳，而使之谛听，不怕其齰舌死也。柳麻子貌奇丑，然其口角波俏，眼目流利，衣服恬静，直与王月生[151]同其婉娈，故其行情正等。[152]

此外，清初著名的学者、文人黄宗羲、毛奇龄、余怀、阎尔梅、魏耕等[153]，都与柳敬亭交好，在他们的诗文集中或咏或记，留下珍贵的一页。这在中国曲艺史上是空前的盛举。

张岱像

张岱与义伶夏汝开

张岱年轻时，家赀丰饶，有戏班子十人，但后来逃的逃，叛的叛。这使他想起在崇祯四年（1631）早死的演员夏汝开，为人忠厚，对张岱特别信任。张岱将其父母幼弟幼妹共五人全部接到绍兴，与他生活在一起。想不到半年内父亡，夏汝开向张岱哭诉，张岱当了一件衣服，葬了他的父亲。一年后，张岱从山东游历归来，夏汝开患重病卧床，不得见，七天后就不幸故去。这使张岱甚感悲痛。夏汝开演戏时，傅粉登场，弩眼张舌，喜笑鬼浑，观者绝倒，听者喷饭，是一个难得的喜剧天才。一些盛大的宴会，如果没有夏汝开到场，赴宴者就会感到非常不快乐。张岱满怀深情地写了《祭义伶文》，有回忆，有评论，是祭文，也是优秀的杂文。文谓：

　　崇祯辛未，义伶夏汝开死，葬于越之敬亭山。明年寒食，

其旧主张长公属其同侪王畹生、李岍生持酒一瓯，割羽牲一，
至其陇，招其魂而祭之，并招其同葬之父凤川同食。谕之曰：
夏汝开，汝尚能辨余谈话否耶？……汝苏人，父若子不一年而
皆死于兹土，皆我殓之，我葬之，亦奇矣，亦惨矣。汝为人跋
扈而戆直，今死后忘其为跋扈，而仅存其戆直，余安得不思
之，不惜之！……（汝）死之日，市人行道儿童妇女无不叹息，
可谓荣矣。吾想越中多有名公巨卿，不死则人祈其速死，既死
则人庆其已死，有奄奄如泉下，未死常若其已死，既死反若其
不死者比比矣。夏汝开未死，越之人喜之赞之，既死，越之人
叹之惜之，又有旧主且思之祭之，汝亦可以瞑目于地下矣。汝
其收泪开怀，招若父同饮酒食肉，颓然醉焉。余有短歌一阕，
汝其按拍而歌之。……[154]

夏汝开有此祭文，真可谓虽死犹生，"托体同山阿"也。

杨云史与蒋檀青

　　江东杨圻，名云史，民国前期著名诗人，以《江山万里楼诗
集》，负一时盛名。其表兄是《孽海花》小说作者曾孟朴。曾写此
小说时，杨云史曾向他提供过不少义和团资料。[155]他为人风流倜
傥，性喜冶游，认识很多歌伎神女，因此有"家家红粉说杨圻"之
称。[156]他结交的艺人中，有北京人蒋檀青，善弹琵琶、吹笛、工
南北曲，后入宫廷效力，在乐部名列第一。京中名士宴宾客时，无
蒋檀青在座，则举座不欢。咸丰皇帝几次游览圆明园，召集梨园子
弟奏新曲，蒋檀青一开腔，咸丰皇帝便笑逐颜开，赏赐甚多。每次
去承德避暑时，也都把蒋檀青带去。英法联军焚毁圆明园后，蒋檀

青曾至园内凭吊，但见满目荒凉，惘怅无已。后流落江南，抱琵琶沿门卖曲为活。光绪二十一年（1895），杨云史游扬州，在平山堂的一次宴席上，遇到蒋檀青，但见他白发苍苍，衣冠敝败，为弹商调一曲，泪随声下，一座怆然。忆及四十多年前宫中往事，对先皇不胜悲悼，欷歔不已，杨云史也黯然泣下。两年后的秋天，杨云史在青溪又见到蒋檀青，他更衰老、伤感了。杨云史越是读杜甫的《江南逢李龟年》诗，越是觉得蒋檀青与李龟年的命运一样，对他十分同情，写了《檀青引》，为他作传，并作多达七百字的长歌以记之，诗曰：

> 青山白发眼中人，寥落相逢酒一樽。离乱琵琶天宝曲，太平烟雨广陵春。……天涯那少伤心泪，糊口江淮四十年，花朝寒食禁烟天。春江酒店青山路，一曲霓裳值一钱。劝君莫作多情客，旧事君看都陈迹。南部烟花廿四桥，六朝金粉吴宫宅。屈指依稀事两朝，玉京天上恨迢迢。青山从此无今古，万岁千秋咽暮潮。[157]

民国十五年（1926），江南诗人卢前（冀野，1905～1951）据《檀青引》作《琵琶赚》，正目是《琵琶赚蒋檀青落魄》，与杨云史的《檀青引》有异曲同工之妙。

吴梅与鲜灵芝、蕙娘

吴梅（1884～1939），字瞿安，一字灵鹅，晚号霜厓，江苏长洲（今吴县）人，南社社员。早年屡试不中，遂不复图取功名，转而钻研古诗文词，并励志词曲，受教于唱曲名家俞粟庐、诗人陈三立、词家朱祖谋等。少年时，曾撰《血花飞》传奇，歌颂戊戌变法中被杀的谭嗣同等六君子。辛亥革命期间，又鼓吹民族革命，秋瑾牺牲后，为写《轩亭秋》杂剧，刊于《小说林》。后任北京大学、东南大学等校教授，著述甚丰。他是近代曲学泰斗，桃李甚众。"无情未必真豪杰"，这位严谨的学者，与名伶、妓女，也曾有过深厚的友谊，如鲜灵芝、蕙娘。

鲜灵芝是早年北京著名的女戏曲演员。她在"奎德社"演梆子戏时，深受观众欢迎。[158]吴梅在京时，曾与她往来。鲜灵芝请他作新曲，吴梅为她写了《南吕绣驾别家园·拟西施辞越歌》，文辞典雅优美：

　　[绣带儿]休提起蛾眉声价，算和亲轮到奴家。便长留两臂宫砂，怕难忘一缕溪纱。[引驾行]承谢你不识面的东君抬举咱，恰相逢盈盈未嫁。[怨别离]现如今故国天涯，杜若溪边，苧萝山下，何日重停踏？[痴冤家]况姑苏台畔多俊娃，怕老君王看不上贫家裙衩。[满园春]望吴山那答，别越山这答，残阳暮鸦，迢迢路遐。[159]

想来由鲜灵芝来演唱此曲，当声情并茂，西施辞越，如在眼前矣。

蕙娘是苏州阊门内的妓女，美而知书。吴梅年轻时，与蕙娘交好，对她颇为眷恋，曾专门写了套曲赠给她，蕙娘读后，高兴极了。吴梅又亲自教她演唱，半个月后，《懒画眉》《金络索》就大体能够上口了。后来，她嫁给常熟的富人，吴梅不胜惆怅。晚年编自己的散曲集子时，特地关照弟子卢前，将这支套曲也编入，以不忘年轻时的这段感情生活，对于蕙娘来说，自然也是"此情可待成追忆"了。现将全曲节引如下：

南吕懒画眉

　　曾记相逢九华楼，恰好的天淡云闲夜月秋。当筵一曲乍回头，怎生生种下双红豆，把一个没对付的相思向心上留。

商调金络索

　　[金梧桐]重来北里游，亲把铜环叩，人立妆楼，比初见庞儿瘦。晶帘放下钩。[东瓯令]看梳头，你也凝定了秋波冻不流。我年来阅遍章台柳，[针线箱]似这一朵幽花何处求。[解三酲]难消受。[懒画眉]怕云寒湘水怨灵修。[寄生子]印鸳鸯风月绸缪，端正好画眉手。

琥珀解酲

　　[琥珀猫儿坠]疏帘淡月，一笛度清讴，九曲回肠曲曲柔，不堪重作少年游。[解三酲]谁能够把风尘妙种，移植红楼？

尾　声

　　国香也要人生受，早偎暖了啼红翠袖。怎肯说不及卢家有莫愁？[160]

据王季思教授谓："此曲发表后，当时一些封建卫道者窃窃私

议并加以恶毒攻击。作者敢发表，正说明他们友谊的纯洁和爱情
的真挚。"[161]

吴虞与娇寓

吴虞（1872～1949），四川新繁（今郫县）人，字又陵。1906
年留学日本，归国后任成都府中学堂教习。"五四运动"前后，在
《新青年》杂志上发表《吃人与礼教》《家族制度为专制主义之根据
论》等文章，猛烈抨击封建礼教和旧文化，被誉为"只手打倒孔家
店的老英雄"。后在北京大学、四川大学任教。

1924年4月9日的《晨报》副刊上，发表了有位名为"又辰"
的人，从单行本上抄下来的署名"吴吾"的赠给妓女娇寓的一些
诗，多达一百多句，仅新年赠娇寓的诗即达十二首之多，甚至一夜
更赠娇寓诗十四首，直抒胸臆，有的几无遮拦，未免惊世骇俗，有
的妙语惊人，堪称豪气万丈。如：

> 偶学文园赋美人，肌肤冰雪玉精神。
> …………
> 亲解罗衣见玉肌，如云香发枕边垂。
> 问郎每日相思否？一日思卿十二时。
> …………
> 吹断人间紫玉箫，年年春恨总如潮。
> 英雄若是无儿女，青史河山更寂寥。

在"罗襦襟解肯留髡，枕臂还沾褪粉痕。好色却能哀窈窕，不曾
真个也消魂"这首诗的末句，作者还自注："余与娇寓往来十阅月，乃

心理上之赏爱，非生理上之要求，故末句云云。"真相究竟如何，当然只有作者心里最清楚。这些诗发表后，引起轩然大波。"吴吾"不是别人，就是大名鼎鼎的吴虞。《晨报》副刊上接连发表了好几篇文章，把吴虞骂得狗血喷头。令人拍案叫绝的是，吴虞在该报上发表了一篇声明，作为答复，计八条，其中六、七条，妙极，现抄录如下：

（六）……至于吴吾之诗，自有吴吾负责，不必牵扯吴虞。犹之西滢之文，自有西滢负责，不必牵扯陈源也。若是指吴吾即吴虞，我也不推辞。

（七）我的诗集，刻于未到北京以前，绮艳之词，不加删削，本无避讳，何所用其苦肉计……假面具。我非讲理学的，素无两庑肉之望。……若曰"痰迷"，则梁□□之王陵波，蔡松坡之小凤仙，固彰彰在人耳目。陈独秀、黄季刚诸先生之遗韵正多，足下亦能一一举而正之乎？袁简斋曰：士各有志，毋容相强，不必曰各行其是，各行其非可耳。[162]

无论怎么说，在吴虞的早年生活中，娇寓占有重要的一页。有热烈的追求、美好的寄托，倘若没有很深的感情，他又怎么会写出这许多诗来？

第三节　佛门内外一线牵

李白与僧、道

唐代大诗人李白（701~762），一生浪迹萍踪，与和尚、道士都有往来。

在肃宗至德二载（757）到上元元年（760）间，李白从流放地至江夏，他的家乡四川有位姓晏的和尚来看他，而且即将去此时已改名中京的长安。李白见到乡亲，不禁勾起万缕乡情，特地写了一首诗给这位和尚送行，诗名即为《峨眉山月歌送蜀僧晏入中京》，诗曰：

> 我在巴东三峡时，西看明月忆峨眉。
> 月出峨眉照沧海，与人万里长相随。
> 黄鹤楼前月华白，此中忽见峨眉客。
> 峨眉山月还送君，风吹西到长安陌。
> 长安大道横九天，峨眉山月照秦川。
> 黄金狮子乘高座，白玉麈尾谈重玄。
> 我似浮云殢吴越，君逢圣主游丹阙。
> 一振高名满帝都，归时还弄峨眉月。[163]

李白希望家乡的明月，照亮僧晏的前程，抵长安后，能高座讲经，"名满帝都"。这样深情的祝福，足见李白是很重视与僧晏的友谊的。他与僧朝美、僧行融关系也很好，都有赠诗[164]。而与另一位家乡的和尚，尤为亲热。他有《听蜀僧浚弹琴》诗："蜀僧抱绿绮，西下峨眉峰。为我一挥手，如听万壑松。客心洗流水，遗响入霜钟。不觉碧山暮，秋云暗几重！"[165]此诗是李白短诗中的佳作之一，蜀僧浚可能就是宣州（今宣城）灵源寺的仲浚公。李白还另有赠诗。但是，纵观李白一生，他受道家的影响更大，在《答湖州迦叶司马问白是何人》诗中，自称"青莲居士谪仙人，酒肆藏名三十春"[166]。胡适先生甚至在他的《白话文学史》中，极而言之，说李白"始终是一个出世的道士"。李白游道观比登佛寺更有兴趣，在二十岁以前，就写了《访戴天山道士不遇》诗："犬吠水声中，桃花带露浓。树深时见鹿，溪午不闻钟。野竹分青霭，飞泉挂碧峰。无人知所去，愁倚两三松。"[167]在他的道家朋友中，元丹丘是他的第一知己。在李白的传世诗作中，就有《西岳云台歌送丹丘子》《元丹丘歌》等十多首酬赠元丹丘的诗，可见交情之深。在《题嵩山逸人元丹丘山居》诗的序中，更直书他与元丹丘"故交情深，出处无间。岩信频及，许为主人，欣然适合本意。当冀长往不返，欲便举家就之"[168]。在《西岳云台歌送丹丘子》诗中，他更以浪漫主义的情怀，幽默的笔调，讴歌元丹丘及其友谊：

　　西岳峥嵘何壮哉，黄河如丝天际来。黄河万里触山动，盘涡毂转秦地雷。荣光休气纷五彩，千年一清圣人在。巨灵咆哮擘两山，洪波喷箭射东海。三峰却立如欲摧，翠崖丹谷高掌开。白帝金精连元气，石作莲花云作台。云台阁道连窈冥，中有不死丹丘生。明星玉女备洒扫，麻姑搔背指爪轻。我皇手把天地户，丹丘谈天与地语。九重出入生光辉，东求蓬莱复西归。玉浆倘惠故人饮，骑二茅龙上天飞。^[169]

李白还有女道友，如吴江的女道士褚三清就与他关系不错。她游南岳衡山时，李白曾到江上送行，赠诗曰："吴江女道士，头戴莲花巾。霓衣不湿雨，特异阳台云。足以远游履，凌波生素尘。寻仙问南岳，应见魏夫人。"^[170]李白还送他的妻子去寻庐山女道士李腾空，并以二首诗记之：

君寻腾空子，应到碧山家。水春云母碓，风扫石楠花。若爱幽居好，相邀弄紫霞。

多君相门女，学道爱神仙。素手掬青霭，罗衣曳紫烟。一往屏风叠，乘鸾着玉鞭。^[171]

杜甫与僧、道

诗圣杜甫（712～770）是李白的好友，在世界观方面，要比李白入世多了。他的诗篇浸透人间苦难、百姓血泪，故有"诗史"之称。虽然他不像李白那样迷恋道教、沉醉于佛教，但也有释、道方面的朋友。从他的诗歌中，我们可以知道有赞上人、成都人间丘、玄武禅师、司马山人、太易沙门等。他曾在中江大雄山的玄武禅师壁上题诗：

何年顾虎头，满壁画瀛州。赤日石林气，青天江海流。锡飞常近鹤，杯度不惊鸥。似得庐山路，真随惠远游。^[172]

看来，杜甫与司马山人，有很深的友谊。他曾写了一首很长的诗寄给他，回忆他们在关内的友谊、别后的思念，暮年的感慨：

关内昔分袂，天边今转蓬。驱驰不可说，谈笑偶然同。道术曾留意，先生早击蒙。家家迎蓟子，处处识壶公。长啸峨嵋北，潜行玉垒东。有时骑猛虎，虚室使仙童。发少何劳白，颜衰肯更红。望云悲辖轊，毕景羡冲融。丧乱形仍役，凄凉信不通。悬旌要路口，倚剑短亭中。永作殊方客，残生一老翁。相哀骨可换，亦遣驭清风。[173]

韩愈、李翱与僧、道

韩愈（768～824）是唐朝的著名文学家，继李白、杜甫之后的诗苑台柱。他同时以反佛驰名于世，也为此吃尽苦头。"一封朝奏九重天，夕贬潮州路八千。欲为圣朝除弊事，肯将衰朽惜残年。云横秦岭家何在，雪拥蓝关马不前。知汝远来应有意，好收吾骨瘴江边。"[174]这首令人不忍卒读的《左迁至蓝关示侄孙湘》的名诗，生动地表明了这一点。但是，韩愈反佛，主要是反对迎佛骨的虚华，建筑寺院的浪费国力民财，以及担心佛教的盛行可能对社会的稳定带来不利影响。他并非见寺院就骂，更不笼统反对僧众。恰恰相反，他有时也去幽静的寺庙散心、访友，友人中也有几位僧徒。他的另一首被选入《唐诗三百首》从而家喻户晓的《山石》诗，就是描写傍晚游古寺情景的："山石荦确行径微，黄昏到寺蝙蝠飞。升堂坐阶新雨足，芭蕉叶大栀子肥。僧言古壁佛画好，以火来照所见稀。……"[175]其僧友中，有姓名可考的，有灵师、文畅师、秀禅师、澄观、广宣上人等。广宣上人是位诗僧，与不少诗人酬唱往还。韩愈的《广宣上人频见过》诗谓：

> 三百六旬长扰扰，不冲风雨即尘埃。久惭朝士无裨补，空
> 愧高僧数往来。学道穷年何所得，吟诗竟日未能回。天寒古寺
> 游人少，红叶窗前有几堆。[176]

可见两人之间交往的频繁，是诗魂与大自然的美景，使他们走
到一起。而韩愈对远道而来的外国翻译佛经的僧人，是深怀戒心
的，因而也就没什么友谊可言。他的《赠译经僧》诗谓："万里休言
道路赊，有谁教汝度流沙。只今中国方多事，不用无端更乱华。"[177]
这种无端排外的情绪，自然是不可取的。

韩愈也有几位道教界的朋友，如刘尊师、张道士等。其中与张
道士来往较多。有长诗《送张道士》，谓：

> 大匠无弃材，寻尺各有施。况当营都邑，杞梓用不疑。张
> 侯嵩高来，面有熊豹姿。开口论利害，剑锋白差差。恨无一尺
> 棰，为国苔羌夷。诣阙三上书，臣非黄冠师。臣有胆与气，不
> 忍死茅茨。又不媚笑语，不能伴儿嬉。乃著道士服，众人莫臣
> 知。臣有平贼策，狂童不难治。其言简且要，陛下幸听之。天
> 空日月高，下照理不遗。或是章奏繁，裁择未及斯。宁当不俟
> 报，归袖风披披。答我事不尔，吾亲属吾思。昨宵梦倚门，手
> 取连环持。今日有书至，又言归何时。霜天熟柿栗，收拾不可
> 迟。岭北梁可构，寒鱼下清伊。既非公家用，且复还其私。从
> 容进退间，无一不合宜。时有利不利，虽贤欲奚为。但当励前
> 操，富贵非公谁！[178]

张道士是个被埋没的栋梁之材，韩愈对他抱有深切的同情，并慰勉有加，其谊之深，可想而知。

韩愈有位学生叫李翱（772～841），字习之。中贞元进士，后任史馆修撰、考功员外郎、谏议大夫、山南东道节度使等职。他和韩愈一样，也曾坚决反对佛教，在奏疏中痛斥"佛法害人，甚于杨、墨，论心术虽不异于中土，考教迹实有蠹于生灵"，"天下之人以佛理证心者寡矣，惟土木铜铁，周于四海，残害生人，为道逃之薮泽"。[179]但是，后来他却从禅宗那里找到了共同语言。他在朗州刺史任内，入山拜访惟俨禅师。交谈后，对禅师大为佩服，还口述一偈："练得身形似鹤形，千株松下两函经。我来问道无余说，云在青天水在瓶。"李翱还向他请教："如何是戒定慧？"禅师笑曰："太守欲得保任此事，直须向高高山顶深深海底行，闺阁中物舍不得，便为渗漏……"李翱有所悟，赠惟俨诗曰："选得幽居惬野情，终年无送亦无迎。有时直上孤峰顶，月下披云啸一声。"[180]看来，他们成为知友了。

苏轼与僧、道

苏轼（自号东坡）作为一代文豪，儒家在其思想中占主导地位，但佛教、老庄思想，对他也有重大影响，这在他的文学创作中，有充分的反映。他性格豪放、诙谐，"虽才高一世，而遇人温厚，有片善即与之倾尽城府，论辩酬唱，间以谈谑"[181]。他一生交友不知凡几。绍圣二年（1095）三月二十三日，东坡时在惠州（今广东惠州市），有永嘉罗汉院僧惠诚来，对他说：我明天就回浙东了，您有啥事要办的吗？东坡"独念吴越多名僧，与予善者常十九"[182]，便匆匆写了几位僧人的名字，托惠诚回去，向他们一一问好，并请惠诚转告他们自己的饮食起居情况，请他们放心。可惜此时正是东坡饮酒之后，"语无伦次，又当尚有漏落者，方醉不能详也"[183]。

　　尽管如此，却给后人留下了参寥子、径山长老维琳、杭州元照律师、秀州本觉寺长老、净慈楚明长老、苏州仲殊师利和尚、苏州定慧长老守钦、下天竺净慧禅师思义、孤山思聪闻复师、祥符寺可久、垂云、清顺三阇黎、法颖等僧名。绝大部分都是诗僧，有的堪称是天才诗人，如仲殊师利和尚，"操笔立成，不点窜一字"。他的《润州北固楼》诗"北固楼前一笛风，断云飞出建昌宫。江南二月多芳草，春在濛濛细雨中"[184]，脍炙人口。守钦的诗，"清逸绝俗"。参寥子（道潜）更是他已结交二十几年的老朋友。参寥子是著名的诗僧，有很高的鉴赏能力。曾经与诗友评论诗作，友说："世间故实小说，有可以入诗者，有不可以入诗者，唯东坡全不拣择，入手便用，如街谈巷说，一经坡手，似神仙点瓦砾为黄金，自有妙处。"参寥子说："老坡牙颊间，别有一副炉鞴，他人岂可学耶？"对他的这一论点，"座客无不以为然"[185]。这并非谀词，东坡才思飞涌，岂是常人所能企及。东坡的《送参寥师》这首诗，简直就是诗论，两人都是雅好评论诗学的。诗曰：

　　　　上人学苦空，百念已灰冷，剑头惟一吷，焦谷无新颖；胡为逐吾辈，文字争蔚炳？新诗如玉雪，出语便清警。退之论草书，万事未尝屏。忧愁不平气，一寓笔所骋，颇怪浮屠人，视身如丘井，颓然寄淡泊，谁与发豪猛？细想乃不然，真巧非幻影，欲令诗语妙，无厌空且静；静故了群动，空故纳万境。阅世走人间，观身卧云岭，咸酸杂众好，中有至味永。诗法不相妨，此语更当请。

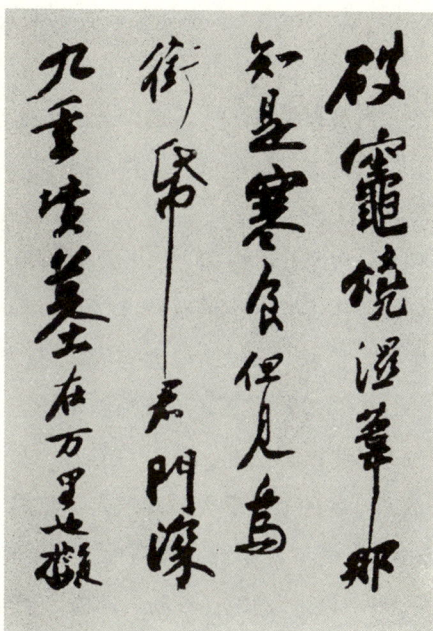

苏轼《寒食帖》局部

在《百步洪二首》的序中，东坡述及"与参寥师放舟洪下，追怀曩游，以为陈迹，喟然而叹，故作二诗，一以遗参寥……"云云，可见他们友谊之非寻常。

东坡另有一位非常要好的僧友，他就是佛印。也许是二人关系太密切，又都喜欢开玩笑，以致民间流传了不少有关东坡与佛印的有趣故事。明朝人编的《解愠编》卷四《僧对鸟》谓：

> 东坡曰："古人常以僧对鸟（按：吴音'鸟'与'屌'同音，今日尤如此。故东坡有此戏言），如云：'鸟宿池边树，僧敲月下门。'又云：'时闻啄木鸟，疑是叩门僧。'"佛印曰："今老僧与相公对，相公即鸟也。"

二人的对话，隐有所指，构成幽默，令人忍俊不禁。

东坡常去佛印处。一日去访，与佛印言语酬答，不觉坐久，忽然感到要去厕所，且甚急，拔腿就走。有一位行者见状，便随后送些厕纸给东坡。东坡喜欢他会办事，第二天以一本度牒舍与披剃。全寺僧人先是大惊，后来才知道这是因为他给东坡送厕纸有功也。不久，东坡又访佛印，一坐又是半天，因而再去厕所。众行者喧哄相争，各将厕纸进前。东坡在厕内听到外面人声嘈杂，遂问其故，左右以实对，东坡哈哈大笑说："行者们自去腹上增修字（原注：以福字代腹字），不可专靠那屙屎处。"[186]

东坡在惠州时，佛印在江南，关山万重，无人致书，深以为忧。所幸有个叫卓契顺的道人，慨然叹曰："惠州不在天上，行即到矣。"便请佛印给东坡写信，他负责送去。于是，佛印便给东坡写了一封信，劝他打破功名枷锁，字里行间，浸透着对东坡的无限深情，而且行文幽默，堪称妙文。信谓：

　　尝读退之（按：即韩愈）《送李愿归盘谷序》，愿不遇知于主上者，犹能坐茂树以终。曰：子瞻中大科，登金门，上玉堂，远于寂寞之滨。权臣忌子瞻为宰相耳，人生一世间，如白驹之过隙，二三十年功名富贵，转盼成空，何不一笔勾断，寻取自家本来面目？万劫常住，永无堕落，纵未得到如来地，亦可以骖驾鸾鹤，翱翔三岛，为不死人，何乃胶柱守株，待入恶趣？若有问师佛法在什么处？师云在行住坐卧处，着衣吃饭处，屙屎刺撒处，没理没会处，死活不得处。子瞻胸中有万卷书，笔下无一点尘，到这地位，不知性命所在，一生聪明，要做什么……子瞻若能脚下承当，把一二十年富贵功名，贱如泥土，努力向前，珍重，珍重。[187]

事实上，佛印是位禅僧，机锋甚锐，东坡曾与他斗过机锋，根本不是对手。有记载说：

> （佛）印云：“者里无端明坐处。”坡云：“借师四大作禅床。”印云：“老僧有一问，若答得，即与四大为禅床，若答不得，请留下玉带。”坡即解腰间玉带置案上，云：“请师问。”印云：“老僧四大本空，五阴非有，端明向甚处坐。”坡无语。印召侍者，留下玉带。[188]

东坡的僧界友人中，也有原不著名，只因与东坡来往，留下逸闻，而使大名垂于不朽。如石塔长老就是一例。史载：

> 东坡镇维扬，幕下皆奇豪。一日石塔长老遣使者投牒求解院，东坡问：“长老欲何往？”对曰：“归西湖旧庐。”东坡即将僚佐同至石塔，令击鼓，大众聚观。袖中出疏，使晁无咎读之。其词曰：“大士何曾出世，谁作金毛之声？众生各自开堂，何关石塔之事。去作无相，住亦随缘。戒公长老，开不二门，施无尽藏，念西湖之久别，亦是偶然，为东坡而少留，无不可者。一时稽首，重听白槌，渡口船回，依旧云山之色。秋来雨过，一新钟鼓之声。”以文为戏，一时咸慕其风。[189]

东坡在道教界也有一些好友，如欧阳少师、赵少师、邵道士彦肃、绵竹道士杨世昌等。他在《和欧阳少师寄赵少师次韵》诗中谓：

> 朱门有遗啄，千里来燕雀。公家冷如冰，百呼无一诺。平生亲友半迁逝，公虽不怪旁人愕。世事如今腊酒浓，交情自古

春云薄。二公凛凛和非同，畴昔心亲岂貌从。白发相映松间
鹤，清句更酬雪里鸿。何日扬雄一廛足，却追范蠡五湖中。

这"世事如今腊酒浓，交情自古春云薄"，真是可圈可点。但
他的这些道友，当然都不是"春云薄"之类。他写过几首诗赠邵彦
肃，得知邵道士还都峤后，赠诗曰：

乞得纷纷扰扰身，结茅都峤与仙邻。少而寡欲颜常好，老
不求名语益真。许迈有妻还学道，陶潜无酒亦从人。相随十日
还归去，万劫清游结此因。

但是，东坡这些道教朋友，社会影响最大的，还是杨世昌。东
坡的《前赤壁赋》中，有谓："客有吹洞箫者，倚歌而和之。其声
呜呜然，如怨如慕，如泣如诉，余音袅袅，不绝如缕，舞幽壑之潜
蛟，泣孤舟之嫠妇。"这位有幸与东坡月夜同游赤壁的吹箫能手，
正是杨世昌。他字子章，是绵竹武都山的道士。他善吹箫，东坡曾
在诗中赞扬他"杨生自言识音律，洞箫入手清且哀"。东坡在《蜜
酒歌》的小序中说："西蜀道士杨世昌，善作蜜酒，绝醇酽。余既
得其方，作此歌遗之。"并赞此酒"三日开瓮香满城，快泻银瓶不
须拨"。[190] 可见杨世昌又是位酿酒高手。世昌经常外出，寻访名山
胜迹，结交了不少学者、名流。太常博士、诗人文同在《杨山人归
绵竹》诗中写道："一别江梅十度花，相逢重为讲胡麻。……青骡
不肯留归驭，又入平芜咽晚霞。"东坡谪黄冈时，世昌自庐山访之，
东坡曾书一帖，称道他善画山水，能鼓琴，晓星历，精黄白药术，
是一位才华横溢的风流道士。倘没有这位多才多艺、也好游览的杨
道士与东坡同游赤壁，并吹箫江上，《前赤壁赋》中就不会有对箫

声、道家思想那样精彩的描绘。[191]

徐霞客与禅侣

徐霞客（1586～1641），名弘祖，字振之，别号霞客，江苏省江阴县南阳岐人。他是我国古代杰出的旅游家、地理学家。他从未做官，以布衣而终，但交友遍天下，与僧人过从甚密，其中静闻师更是他患难与共的挚友。

静闻是江阴迎福寺僧莲舟的弟子，持戒律甚严。禅诵垂二十年，刺血写成《法华经》，发愿供之鸡足山。他与徐霞客志趣相投，欲游遍名山大川，因此结伴同行，一路上历经艰险，但矢志不移。崇祯十年（1637）二月十一日，霞客在新塘湘江夜泊时，被强盗抢劫，危难之中，充分看出静闻的高尚品德。霞客记曰：

> 静闻登舟未久，即群盗喊杀入舟，火炬刀剑交丛而下……及登岸，见静闻焚舟中衣被竹笼，犹救数件，守之沙岸之侧，怜予寒，急脱身衣以衣予，复救得余一裤一袜，俱火伤水湿，乃益取焚余炽火以炙之……时饥甚，锅具焚没无余，静闻没水取得一铁铫，复没水取湿米，煮粥遍食诸难者，而后自食。……先是静闻见余辈赤身下水，彼念经笈在篷侧，遂留，舍命乞哀，贼为之置经。及破余竹撞，见撞中俱书，悉倾弃舟底。静闻复哀求拾取，仍置破撞中，盗亦不禁。……贼濒行，辄放火后舱。时静闻正留其侧，候其去，即为扑灭，而余舱口亦火起，静闻复入江取水浇之。贼闻水声以为有人也，及见静闻，戳两创而去，而火已不可救……

接着，静闻又带伤几次沉入江中，打捞衣物，将捞上来的物件，放在沙滩上，让难友认领。其中有个叫石瑶庭的人，认领衣物后，反而无端怀疑静闻引盗入舟，徐霞客愤怒地写道："不知静闻为彼冒刃、冒寒、冒火、冒水守护此筐，以待主者，彼不为德，而反诉之。盗犹怜僧，彼更胜盗贼矣，人之无良如此！"[192] 静闻经过这次劫难，身受剑伤，身体渐渐不支，后又患病，终于不起，逝世于崇善寺。临终遗言，希望埋骨鸡足山。霞客在太平听到噩耗后，哀痛至深，终夜不寐。他写了《哭静闻禅侣》六首，前有小引曰：

静上人与予矢志名山，来朝鸡足，万里至此，一病不痊，寄榻南宁崇善寺。分袂未几，遂成永诀。死生之痛，情见乎词。

第一首是：

晓共云关暮共龛，梵音灯影对偏安。
禅销白骨空余梦，瘦比黄花不耐寒。
西望有山生死共，东瞻无侣去来难。
故乡只道登高少，魂断天涯只独看！

第四首是：

同向西南浪泊间，忍看仙侣堕飞鸢？
不毛尚与名山隔，裹革难随故国旋。
黄菊泪分千里道，白茅魂断五花烟。
别君已许携君骨，夜夜空山泣杜鹃。[193]

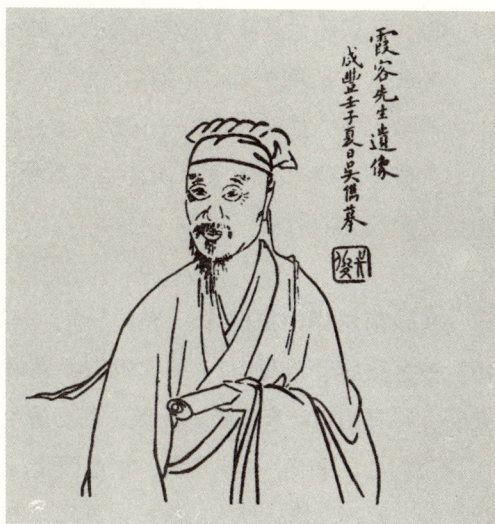

徐霞客像

　　这里的"别君已许携君骨"，霞客是说话算数的。他从南宁到鸡足，在途达一年零二天。其间两次遇窃，几至绝粮。在贵州时难觅挑夫，霞客只好与他的仆人分肩行李，但始终背着亡友静闻的遗骨，瘗于鸡足，实现了静闻的遗愿。

　　在霞客的游历生涯中，还得到过其他一些僧人的帮助。如在游贵州时，白云庵的住持自然热情地招待他，亲自陪他登潜龙阁、憩流米洞。又命寺僧陪同他游南京井。薄暮归来，自然已等候在庵西，准备好晚饭和茶水。次日，"晚返白云，暮雨复至。自然供茗炉旁，簧灯夜话，半晌乃卧"。[194]又如影修也曾热情地招待过他。霞客记谓：

　　　　时僧方种豆垄坂间，门闭莫入。久之，一徒自下至（号照尘）。启门入，余遂以香积供。既而其师影修至，遂憩余阁中，而饮以茶蔬。影修又不昧之徒也。时不昧募缘安南，影修留余久驻，且言其师在，必不容余去，以余乃其师之同乡也。余谢其意，许为暂留一日。……初三日，饭后辞影修。影修送余以茶酱。（粤西无酱，贵州间有之而甚贵，以盐少故。而是山始有酱食。）遂下山。[195]

在云南翠峰山护国寺，寺中一僧，一见面即为徐霞客生火炊饭。霞客很感动地写道："见炊饭僧殷勤整饷，虽贫无余粟，豆无余蔬，殊有割指啖客之意。及饭，则己箸不沾蔬，而止以蔬奉客。"而这位好心的和尚，"号大乘，年甫四十……其形短小，而目有疯瘁之疾。苦行勤修，世所未有。余见之，方不忍去"。[196]在广西壶关映霞庵，"雨色霏霏，酿寒殊甚"。莱斋师见霞客衣衫单薄，便脱下自己身上的夹衣，给霞客穿上。[197]看来，以慈悲为怀的出家人，最富仁爱之心，他们对霞客的友谊，是完全真诚无私的。因此，霞客对他们，也始终充满敬重、感激之情。他写有《赠鸡足山僧妙行七律二首》，前有小序谓："妙行师鸡山胜侣也，阅《藏》悉檀，潜心净果，穆然清风，如披慧日。爰赋二律，以景孤标，并请法正。"其第二首曰：

　　玉毫高拥翠芙蓉，碎却虚空独有宗。
　　钟磬静中云一壑，蒲团悟后月千峰。
　　拈来腐草机随在，探得衣珠案又重。
　　是自名山堪结习，天华如意落从容。[198]

徐霞客与出家人的深谊，堪称是他生缘喜结此生里，在中国佛教史、旅游史、地理史上，都是佳话。

陈独秀、刘三、鲁迅等与苏曼殊

苏曼殊（1884～1918），名戬，字子谷，后改名元瑛，曼殊是他出家后的法号，笔名有苏湜、糖僧、燕子山僧、阿难、印禅等四十多个。广东香山县人，出生于日本横滨。早年曾积极参加革命活动，并于1912年4月在上海参加南社。他创作小说，善于绘事，精通日、英、法、梵文，诗有晚唐风格，成了近代著名的诗僧、文学家。曼殊大约十六岁时，在广州蒲涧寺削发为僧，不久又还俗，但后来在越南，又再度受戒。他并不受佛教戒律的约束，酷爱甜食，厕身于灯红酒绿、红粉香脂中，但也从未放弃佛教信仰，熟悉佛教经典，研究过般若、楞伽、瑜伽及禅宗、三论宗等，在短暂的一生中行遍四方、流离颠沛，过着窘困而又浪漫的半僧半俗的生活。

曼殊在求学东瀛、革命活动、创作生涯中，有不少好友。他最亲密的朋友，是江南刘三（1878～1938）。刘三字季平，号离垢，又号黄叶老人，原名钟和，上海华泾人。早年留日时，加入兴中会，1903年学成回国。为人慷慨好义，"苏报案"发生后，留日同学邹容瘐死狱中，刘三冒着风险，收葬其骸骨于自家田中。曼殊、刘三结交于日本，交谊深笃。1907年，曼殊东渡探亲后，写有《忆刘三天梅》[199]诗，前有小序："东来与慈亲相会，忽感刘三、天梅去我万里，不知涕泗之横流也。"诗谓："九年面壁成空相（作者自注：余出家刚九年），万里归来一病身。泪眼更谁愁似我？亲前犹自忆词人。"从此序、此诗，不难看出曼殊与刘三的情谊。1909年春，曼殊住在西湖韬光庵。一天深夜，他忽然听到杜鹃声声，不禁又思念刘三，遂写诗一首，寄给刘三："刘三旧是多情种，浪迹烟波又一年。近日诗肠饶几许？何妨伴我听啼鹃！"[200]1904年春末，曼殊得亲友资助，从上海起程往暹罗、锡兰、越南游历。六年后的

1910 年秋，曼殊游历印度。刘三把此行看成是与唐玄奘西游一样，特作《送曼殊之印度》诗，谓："早岁耽禅见性真，江山故宅独怆神。担经忽作图南计，白马投荒第二人。"[201]曼殊当然不可能成为玄奘第二，但在印度期间，他对佛教文化有了进一步的认识，还读了一些印度的文学名著。

曼殊的另一位知交是陈独秀（1879～1942），曼殊与陈独秀是在日本留学生组织青年会时认识的。1903 年，曼殊从日本归国不久，就到上海《国民日报》社，与陈独秀一起工作，并在报上发表了取材于法国雨果的名著《悲惨世界》，半翻译半创作、激烈反对清朝封建统治的《惨社会》这部中篇小说的大部分。对《惨社会》，陈独秀曾润饰文字，因此见报时署名"苏子谷（曼殊）陈由己（独秀）同译"。后来的单行本才改署"著述者苏曼殊"。1907 年，他曾与陈独秀、章太炎、刘师培等，组织"亚洲和亲会"，宗旨是"反对帝国主义，期使亚洲已失主权之民族，各得独立"。在国内或去日本时，他常与陈独秀在一起。

曼殊与鲁迅也有过交往。1907 年夏，曾与鲁迅合办《新生》杂志，但因故未能成功。1932 年 5 月，鲁迅在致增田涉的信中，还夸赞"曼殊和尚的日语非常好，我以为简直像日本人一样"[202]。1925 年夏，他在《杂忆》这篇文章中，还回忆起曼殊早年翻译拜伦诗的情况："苏曼殊先生也译过几首，那时他还没有作诗'寄弹筝人'，[203]因此与 Byron 也还有缘。但译文古奥得很，也许曾经章太炎先生的润色的罢，所以真像古诗，可是流传倒并不广。"[204]

曼殊与章太炎、陈去病、柳亚子、刘师培等也有交谊。曼殊逝世后，由汪精卫等人料理其后事。六年后，孙中山赠送千金，在陈去病等主持下，将曼殊葬于杭州石湖孤山。曼殊身前身后，都沐浴在友情的春风里。

经亨颐、夏丏尊、丰子恺、刘质平与弘一法师

弘一法师（1880~1942），俗姓李，幼名文涛，又名广侯，后改名叔同，别号息霜，法名演音，亦称晚晴老人。原籍浙江平湖，生于天津。早年在上海就读于南洋公学，受业于蔡元培（1868~1940）。后留学日本，学习美术，旁及音乐、戏剧。1907年在东京参与组织春柳社，演《黑奴吁天录》《茶花女》的女主角，成为中国话剧运动的创始人之一。1910年回国后，任编辑及音乐、美术教员。1918年出家，以华严为境，四分律为行，导归净土为果。他对弘扬南山律宗尤其不遗余力，被佛教界人士尊为"重兴南山律宗第十一代祖师"。抗战开始后，他提出"念佛不忘救国，救国不忘念佛"的主张，在佛教界深入人心。1942年秋逝世于泉州温陵养老院。

弘一法师精通文学、音乐、美术、戏剧、篆刻，并且是位艺术

李叔同与众人合影

教□家。1905 年夏，他东渡日本留学前，曾填了一阕《金缕曲》，□□祖国并呈同学诸子。词曰：

> 披发佯狂走。莽中原，暮鸦啼彻，几枝衰柳。破碎河山谁收拾，零落西风依旧。便惹得离人消瘦。行矣临流重太息，说相思，刻骨双红豆。愁黯黯，浓于酒。漾情不断淞波溜。恨年来絮飘萍泊，遮难回首。二十文章惊海内，毕竟空谈何有。听匣底苍龙狂吼。长夜凄风眠不得，度群生那惜心肝剖！是祖国，忍辜负？

辛亥革命后，他填了《满江红》，以抒抱负：

> 皎皎昆仑，山顶月，有人长啸。看囊底，宝刀如雪，恩仇多少。双手裂开鼷鼠胆，寸金铸出民权脑。算此生，不负是男儿，头颅好。荆轲墓，咸阳道。聂政死，尸骸暴。尽大江东去，余情还绕。魂魄化成精卫鸟，血花溅作红心草。看从今，一担好山河，英雄造。

这两首词，足以表明弘一法师的襟怀。有这样襟怀的人，是不会不重视交谊的。事实上，他无论是在出家前，还是出家后，都有不少好友。

经亨颐（1877～1938）即为弘一法师的老友之一。经亨颐在担任浙江杭州第一师范学校校长时，便盛情邀请此时尚未出家的李叔同去任教，担任图画和音乐教员。李叔同采用石膏和人体写生，是国内美术教育史上的创举。他利用西洋名曲作了许多名歌，同时又自己作歌作曲，对学生灌输了新音乐的思想。在此期间他用美国通俗歌曲作者 J. P. 奥特威（1824～1880）所作《梦见家和母亲》的曲子，填入新的词："长亭外，古道边，芳草碧连天……"从而成为一首为几代人传唱、至今不衰的歌曲《送别》。在一师任教期间，他与同事夏丏尊（1886～1946）成为好友；而他一手培养的弟子丰子恺（1898～1975）后来成了大师级的漫画家、优秀的散文家，另一位弟子刘质平则成为著名音乐家。他出家后，仍然终生保持着与他们的联系。1928 年，经亨颐、夏丏尊、丰子恺、刘质平等，还集资在上虞白马湖畔造了一所"晚晴山房"供他居住。甚至在他临终前半月，他感到自己将不久于人世，还特地给夏丏尊、刘质平分别写了一封内容几乎一样的信，而信末所署日期，则关照其身边弟子，在他去世后再填写付邮。给夏丏尊的信是：

丏尊居士文席：
　　朽人已于　　月　　日迁化。曾赋二偈，附录于后："君子之交，其淡如水。执象而求，咫尺千里。问余何适，廓尔亡言。华枝春满，天心月圆。"谨达，不宣。

　　　　　　　　　　　　　　　　　　音启

　　前所记月日，系依农历。又白。

　　于此不难看出他与夏丏尊、刘质平友谊的深厚。弘一法师圆寂后，遗骨分葬于泉州清源山弥陀岩和杭州虎跑定慧寺，两处都分别建了灵塔。而定慧寺的灵塔，正是由丰子恺等人集资建造的。

　　夏丏尊在《〈子恺漫画〉序》中回忆弘一法师道："在他，世间竟没有不好的东西，一切都好，小旅馆好，统舱好，挂褡好，粉破的席子好，破旧的手巾好，白菜好，莱菔好，咸苦的蔬菜好，跑路好，什么都有味，什么都了不得。……对于一切事物，不为因袭的成见所缚，都还他一个本来面目，如实观照领略，这才是真解脱，真享乐。"[205]1943年4月，弘一法师圆寂后第一百六十七日，丰子恺在四川五通桥写了《怀李叔同先生》，文末说："现在弘一法师在福建泉州圆寂了。……我发愿到重庆后替法师画像一百帧，分送各地信善，刻石供养。现在画像已经如愿了。我和李先生在世间的师弟尘缘已经结束，然而他的遗训——认真——永远铭刻在我心头。"[206]弘一法师生西五周年纪念日，丰子恺为刘绵松辑《弘一大师全集》作序，他写道："我崇仰弘一法师，为了他是'十分像人的一个人'。凡做人，在当初，其本心未始不想做一个十分像'人'的人；但到后来，为环境、习惯、物欲、妄念等所阻碍，往往不能做得十分像'人'。其中九分像'人'、八分像'人'的，在这世间已很伟大；七分像'人'、六分像'人'的，也已值得赞誉；就是五分像'人'的，在最近的社会也已经是难得的'上流人'了。像弘一法师那样十分像'人'的人，古往今来，实在少有。所以使我十分崇仰。"[207]刘质平早年留学日本时，曾得到李叔同的无偿资助，1918年李叔同出家后，仍然关怀着他。此时的弘一法师，赠给刘质平的书法精品，计有屏条十堂、中堂十轴、对联三十副、横批四条、尺页一百九十八张。弘一大师在浙江镇海伏龙寺驻锡时，刘质平曾侍奉一个多月。他每天早起，把砚池用清水洗净，磨墨两小时，备弘一大师一天所用的墨汁。此后，在抗战中，刘质平为保护这些珍贵的墨宝，几乎付出自己的生命。他曾说："先师与余，名为师生，情深父子。"[208]

出家文人间的友谊

文人出家后，虽说已看破红尘，但仍食人间烟火，仍有喜怒哀乐，多数人仍很重视交谊。以唐代的玄奘（600~664）而论，他在武德七年（624），自荆州东下经历扬州、吴会等地，与名僧智琰相晤，旋北上相州从慧林学《杂心论》《摄论》，并在慈润寺遇三阶教信行弟子灵润。[209] 他从事佛经翻译达十九年之久，先后译出《瑜伽师地论》《俱舍论》《成唯识论》《大般若经》等。但是，这是一项浩大、艰难的工程，以一人之力，是不可能完成的。因此，是由玄奘主持，集体翻译，分工负责，有计划地进行。从《续高僧传》的有关记载和玄奘所译经论的序文中可知，玄奘所主持的译场和翻译程序是：译主、证义、证文、书手、笔受、缀文、参译、刊定、润文、梵呗。在这些众多的工作人员中，不乏学富五车的高僧。如道宣（596~667），吴兴人，十五岁受业于长安日严寺智颙律师，二十岁在弘福寺从智首律师受具足戒。他游历四方，问学名师益友，集律学之大成，开创律宗，"外博九流，内精三学"，"存护法戒，著作无数"，[210] 是一位博大精深的学者，曾经积极帮助玄奘做翻译工作。他在《续高僧传》卷四，专门为玄奘立传，盛赞他翻译佛经"不屑古人，执本陈勘，频开前失"[211]。玄奘在译经的同时，"黄昏二时讲新经论"，向大家讲解他在印度所学的佛学经论，参加译场的也大多从之受业。其中以笔受著名者有三十余人，而以神昉、嘉尚、普光、窥基被人称为门下四哲。此外如圆测、法宝、靖迈、彦悰、宗哲、怀素、慧立、道世、利涉、道昭、文备、顺璟、元晓等，均各有成就。其中的窥基，长安人，俗姓尉迟，是唐初名将尉迟恭之侄，是玄奘开创的法相宗的实际奠基人，在玄奘的译事中，独当笔受尤多。他和其他一些玄奘的弟子，与玄奘是亦师亦友，彼此有很深的感情。

明末清初，有位中兴律宗的一代祖师，名见月律师。他是滇南楚雄人，中年出家。先为道人，广行善事，修菩萨行。后遇机缘，又

见月律师像

罢道为僧，行脚四方，步行二万几千里，备尝艰辛。后来写了一本书
《一梦漫言》。弘一法师在本书的《题记》中说："曩见经目，载《一
梦漫言》……求得一册，披卷寻诵，乃知为明宝华山见月律师自述行
脚事也。欢善踊跃，叹为稀有。执卷环读，殆忘饮食。感发甚深，含
泪流涕者数十次。"足见此书感人之深。读《一梦漫言》可知，见月
律师走遍天下，最后主持宝华山，专事宏律，多得力于僧、俗师友
的帮助。如在五台山时，"遂上台至塔院寺。彼寺有二房僧是师兄弟，
发心讽五大部三载。见已相问，知是从滇远来，欢喜留住。……本寺
方丈师号德云，及房头众僧，看余二人（按：另一人是成拙和尚）如
是勤学，一月不更，俱生信敬，私请米斋。……初八日告辞方丈及众
房，欲往北京乞三昧老和尚戒。方丈师切留不舍，见余心志先驰，不
能久住，遂备三骑骡送余及成拙、觉心，同行至旧路岭，留宿一宵。
次早德云师仍不忍别，复送至棠梨树下院。天明饭罢拜辞，德云师含
泪嘱云：若受戒已，还请入台，切莫负望"[212]。出家人交谊之诚挚，

感人至深。

弘一法师与高僧印光法师及倓虚法师等，都有深厚的友谊。

印光法师（1861～1940），俗姓赵，名绍伊，法名圣量，别号常惭愧僧。陕西郃阳人。清光绪七年（1881）于终南山南五台莲花洞寺出家，拜道纯和尚为师，不久在兴安双溪寺受具足戒。他一生弘扬净土，被佛教徒尊为中国净土宗第十三祖。他由儒入释，主张融会儒佛思想，提倡佛法不离世间。生平主张不当寺庙住持，不收出家剃徒，广收在家居士弟子。但弘一法师，却是他的僧界弟子，可见彼此关系之深。弘一曾说："朽人于当代善知识中，最服膺者，唯印光法师。"弘一法师刚学佛时，就得到了印光大师的指点。1922年，弘一致书印光，希望成为他的弟子，印光谦辞不收。次年，弘一在自己的背上用香火烧成戒记（此即"臂香"），以示求师的心诚，印光仍逊谢。直到这年年底，弘一再一次恳求，印光才破例收为弟子，并邀他至普陀山法雨寺与自己小住。1924年5月，弘一前往法雨寺，住了七天。他从早到晚，在印光大师身边，观察其一言一行，深受感悟。对他的习劳、惜福、注意因果、专心念佛，感佩终身。后来，他在泉州寺中作过《略述印光大师之盛德》的讲演，对印光的德行，钦敬无伦。1920年，他为《印光法师文钞》写题赞，称颂"老人之文，如日月历天，普烛群品"。

倓虚（1875～1963），俗姓王，名福庭，法名隆衔，河北宁河县人。1916年，在涞水高明寺出家为僧。旋赴宁波观宗寺依谛闲法师受具足戒。他学识渊博，讲经通俗易懂。一生创办佛学院十三处，受业僧人逾千，是近代对佛教教育做出重大贡献的高僧。1936年秋，他派梦参法师到漳州万石岩，去请弘一法师到青岛的湛山寺讲律。倓虚说过，"弘老，也是我最羡慕的一位大德"[213]。弘一法师提出，他去青岛讲律，有三个条件：第一，不为人师；

第二，不开欢迎会；第三，不登极吹嘘。倓虚法师都欣然同意。1937 年旧历四月十一日，弘一法师抵达青岛。后来，倓虚大师回忆弘一此行谓：

> 临来那天，我领僧俗二众到大港码头去迎接。他的性格我早已听说，见面后，很简单说几句话，并没叙寒暄。来到庙里，大众师搭衣持具给接驾，他也很客气地还礼，连说不敢当。
>
> ……弘老只带一破麻袋包，上面用麻绳扎着口，里面一件破海青，破裤褂，两双鞋；一双是半旧不堪的软帮黄鞋，一双是补了又补的草鞋。一把破雨伞，上面缠好些铁条。……因他持戒，也没给另备好菜饭，头一次给弄四个菜送寮房里，一点没动；第二次又预备次一点的，还是没动；第三次预备两个菜，还是不吃；末了盛去一碗大众菜，他问端饭的人，是不是大众也吃这个，如果是的话他吃，不是他还是不吃，因此庙里也无法厚待他。……
>
> 愈是权贵人物，他愈是不见，平常学生去见，谁去谁见，你给他磕一个头，他照样也给你磕一个头。……平素他和人常说：戒律是拿来"律己的！"不是"律人的！"……上课不坐讲堂正位，都是在讲堂一旁，另外设一个桌子，这大概是他自谦，觉得自己不堪为人作讲师。头一次上课，据他说，事前预备了整整七个小时，虽然已经专门研究戒律二十几年，在给人讲课时，还是这么细心。……到了九月十五以后，到我寮房去告假，要回南方过冬。……给我定了五个条件。第一，不许预备盘川钱；第二，不许备斋饯行；第三，不许派人去送；第四，不许规定或询问何时再来；第五，不许走后彼此再通信。这些条件我都答应了。……临走时给我告别说："老法师！我这

次走后，今生不能再来了，将来我们大家同到西方极乐世界再见吧！"……走后我到他寮房去看，屋子里东西安置得很有次序，里外都打扫特别干净！……我在那徘徊良久，向往着古今的大德，嗅着余留的馨香。[214]

　　倓虚大师的回忆，是我们了解弘一大师的为人及二位大师互相尊重的珍贵史料。

第四节　衣冠不论纲常事，付予齐民一担挑

东堂老

　　元代著名剧作家秦简夫，写过一出杂剧《东堂老》，剧情大意是：扬州商人赵国器的儿子叫扬州奴，不学好，为市井无赖柳隆卿、胡子传诱惑，终日混迹于勾栏、酒市，追逐声色犬马。赵国器忧愤成疾，担心家业不保，暗中托孤给老邻居、也是好朋友李实。李实老人忠厚善良，有古君子风，人称"东堂老"。赵国器病死后，扬州奴更挥霍无度，很快将家产败光，去投柳隆卿、胡子传，被二人拒之千里，扬州奴这才开始悲悔。东堂老见状，便将赵国器生前寄赀托他经营的收入，捧出簿籍，一一付之，扬州奴依然是个富商，重振家业，从此也就与无赖子弟断绝往来。东堂老挽救了堕落青年扬州奴，事实上也就挽救了扬州奴一家。李实是否实有其人？未考。看来，作为戏曲作品所塑造的艺术典型，此人多半是子虚乌有。

　　但是，历史上类似李实这样的小民百姓，忠实于友情，不负重托，却大有人在。宋代的杨忠，即为一例。浙江四明人戴献可，家境富裕，仗义疏财，喜欢交游，客至如归。戴献可死后，只有一个儿子伯简，虽说已经十八九岁，但未经世事，一下子继承了偌大的家业，并不善守，挥霍浪费，开支无度。里中恶少乘机来勾引，一起嫖赌，没有两年工夫，就把家业败尽。只有昌国县的鱼盐竹木之

利还在，由旧仆杨忠主管。戴献可在世时，杨忠的账目，从来都是清清楚楚，没有一毫差错。戴伯简走投无路，觉得杨忠掌管的买卖，还可以赖为衣食，便去找杨忠。杨忠痛哭尽哀，每天与其妻招待伯简，并拿出财产登记簿，交给他。伯简大喜过望，说："这本来就是我的东西。"于是又旧习不改，继续妄为，原来结交的狐朋狗友，又闻风而至，重新来勾引他败家。杨忠哭着苦劝，伯简只当耳边风。

　　一天，伯简在家与此辈狂饮滥赌，杨忠手拿尖刀，一把揪住这帮无赖为首者的头发，打倒在地，高声说道："我在主人家三十余年，郎君年少，你们引诱他干坏事，把家产败光，所幸我还保有这份资产，你一定要让他再败得一分钱也不剩吗？我砍你的头，到官府自首请死，报我主人于地下。"并大声喝令这小子伏地受刃。此人哀号服罪，说从今日起，以后再也不敢登门。杨忠噎咽良久，收起刀，又对此人喝道："你怕死，想骗我吗？"此人哭着说："我确实不敢再来了！"杨忠说："既然如此，我饶你一条命。倘若胆敢欺骗我，一定把你劈成几大块！"随即拿出一些帛，说："可以把帛拿去，快走！"此人一溜烟去了。杨忠又挥泪对伯简说："老奴惊犯郎君。郎君从今天起改掉以前的坏习气，但听老奴尽心操作，不出三年，原来的家业都可以恢复。不然的话，你还与这些不三不四的家伙在一起胡混，老奴一定放火烧掉这里的资产，投海自尽。我不忍心看见郎君饿死，给主人的门户带来耻辱。"伯简惭愧得哭泣起来，从此再不与不逞之徒往来，老老实实地待在家中，听凭杨忠主持一切。果然不出三年，尽复田宅，重振家业，而杨忠对伯简，"事之弥谨"，无怪乎宋人沈征感慨万千地说："杨忠其贤矣哉，真不负其名矣……求之士大夫，当国家危乱，有能植侮屏奸，不负其主人付托于存亡可欺之际，若杨忠者，余恐千万人不一遇焉，悲夫！"[215]

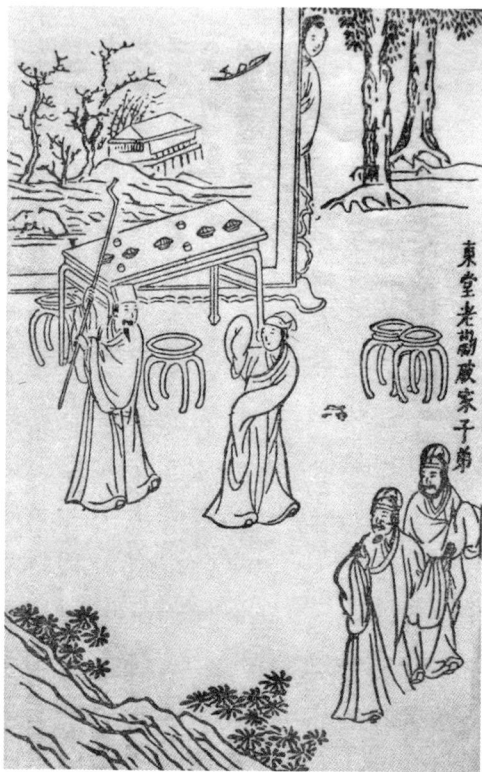

明刻本《醉江集》插图

　　其实"衣冠不论纲常事，付予齐民一担挑"，像杨忠这样东堂老式的人物，还有不少。明朝嘉靖年间的阿寄，就是相当著名的一位。阿寄是淳安徐氏的仆人。徐氏弟兄分家，老大得到一匹马，老二得到一头牛，老三已故，其寡妻得到老仆人阿寄。阿寄五十多岁了。寡妇哭道："马可以骑，牛可以耕田，走路已跟跟跄跄的老仆人，不过空费我家的吃食罢了。"阿寄闻言叹息说："主人说我不如牛马吗？"便跟她策划做生意，说得头头是道。寡妇将簪子、耳环之类全部拿出来，折成白银十二两，交给阿寄。阿寄则入山贩漆，一年里利息翻了三倍，对寡妇说："您不必担心，我们很快就能富起来。"二十年间，赚得白银数万两，为寡妇嫁了三个女儿，给她的两个儿子娶了媳妇，所费不止千金。阿寄又请了塾师教二子，接着又按例花钱为他们捐了太学生的头衔，而寡妇则成了远近闻名的大富婆。不久，阿寄得了重病，临死前，对寡妇说："老奴马牛之报尽矣！"取出枕头里的二大张纸，上面的财产状况、大小账目，记得一清二楚，说："请将这账目交给二位郎君，可以世守家业。"说罢，便去世了。徐家的孙子，有人怀疑阿寄可能有私蓄，偷偷地打开他的箧子，其中没有一寸丝、一粒谷。他的老伴及一个儿子，仅仅有件旧衣裳遮体而已。对此，杭州名士田汝成在为阿寄写小传后，感慨道："阿寄村鄙之民，衰迈之叟……公而忘私，毙而后已，是岂寻常所可及哉！"[216]

草桥王翁及其他

　　明中叶长洲（今苏州）草桥王翁，名王鼎，以织机为业，家中很富裕。有一年，遭了灾荒，有夫妇二人，被贫困所逼，谎称是兄妹，以兄嫁妹，求售银七两。王翁备下酒肉招待他俩，食毕，双方立下卖身契。二人临别时，悲痛万分，实在舍不得离开。王翁仔细观察，发觉他俩是夫妻，很是同情，便当场烧掉契文，也不讨还银子，让他俩回家。王翁与他俩素不相识，待人如此重义，甚为难得。[217]

　　同一时期的吴江西边，有座石佛寺，寺中有个和尚叫秋林，为人诚实，待友以信为上。吴江有个姓赵的人，将一包银子寄放在他的禅房里。一天后，寺内发生火灾，烧了不少衣钵。消息传开，这位姓赵的，大吃一惊，赶紧派了老仆人跑来问询。秋林说："我的禅房没烧着，存放的银两都好好的，你可速回报告主人，让他放心。"倘秋林存小人之心，就有可能趁火打劫。[218]

明代初年，吴孝子名璋，字廷用，吴江人。他十一岁时，父亲去世，母亲陆氏守寡。永乐癸卯（1423）年，朝廷下令选天下媚妇至内庭效力，陆氏被选入。宣德丙午（1426）年随亲王分封广东韶州，后又改封江西饶州（今江西上饶）。吴璋往来二藩，历经跋涉之苦，母子不相见已经二十年。吴璋哀悲不已，誓欲求见。一路上，历经艰难困苦，但也得到普通小民的百般照顾。将达广东时，患痢疾，一天要上厕所百余趟，所幸同行的和尚蕴空，认真照料他，终于病痊。抵达韶州后，才知道其母已去江西，便步行去饶州。奔驰沙迹的结果，两只脚都肿了，从胫到趾，许多处都裂开，无法再走了，只得躺在荒村野寺的廊下。刚好有位姓焦的道人经过这里，解囊取药给他敷上，随敷随愈。次日两足便完好如初。还有一天，他从岭上过，有条黑蛇从草中啮其足，当场昏厥倒地。又幸亏焦道人赶到，以药涂之，从毒蛇咬伤的创口，抽出黑涎尺许而愈。在备尝艰辛后，他终于见到了老母。[219]

徐霞客与田夫野老

徐霞客的游览、考察活动，得到各地百姓的大力支持。

崇祯十年七月初六日，徐霞客探广西铁旗岩，天下着大雨，朦胧之中，找不到路，往返了好几回，仍然迷路。所幸碰到一个钓鱼的小孩，热情地当他的向导，其实路就在山下，不过是入口处被水淹了，又有草盖着，"故茫无可辨"[220]。在游云南保山时，也曾遇到类似情形。霞客想游落水洞，却不知道还有落水寨，将二者混同，结果当然大走弯路。后经当地一位老人指点，带领他从寨后东边翻过岭去，终于找到，从西崖俯瞰久之，仍转南面走出来。这位好心的老人还邀请霞客住在他家过夜，霞客看日头尚高，遂辞别老人。[221]崇祯十二年三月十一日霞客在云南大理考察蝴蝶泉后，从一位樵夫口中得知，南峡中有古佛洞甚是奇异，但悬崖隔绝，没有熟悉路的人指引，难以找到。一位老人却高兴地说："您既然是万里而来，不怕艰难险阻，我给您当向导，有什么困难呢！"霞客闻言大喜，脱下长衫，跟随老人前往。一路上，老人还不时给他介绍当地种种情形、景点沧桑。抵达古佛洞后，他饱览了洞中的奇异风光，老人才告辞而去。[222]

徐霞客常常宿在贫苦百姓家中。如崇祯十年七月二十五日，在广西大寨村，他投宿在一位姓李的老者家中。李"翁具酒烹蛋，山家风味，与市邸迥别"。这里的风景极好，"山回谷转，夹坞成塘，溪木连云，堤篁夹翠，鸡犬声皆碧映室庐，杳出人间，分墟隔陇，宛然避秦处也"。但山好人更好，李翁第二天还特地以鲜鲫鱼招待霞客，这是山中珍品，是从新涨的山溪水中捕到的。[223]

霞客曾宿于广西南陇村一位九十高龄的老人家中，老人的老伴为他煮蛋献浆，热情招待。霞客不禁感叹道："荒徼绝域，有此人瑞，奇矣，奇矣！"[224]更难得的是，一村人都是彝族，操土白，难以听懂，只有这位老人能讲汉语，真不失为是深山知音了。在湖南游三分石时，霞客还得到瑶族同胞的帮助。在夜间，他在深壑中，随着潺潺水声踽踽而行，看到有两间茅屋，便大声呼叫。一位姓邓的瑶族青年，闻声拿着火把出来迎接，宿于其家，烧树枝烘干霞客的衣服，煮粥招待，介绍山中风物。他家虽然穷苦，霞客却有客至如归之感。他感动地写下这行文字："余感其深夜迎宿，始知瑶犹存古人之厚也。"[225]

徐霞客在漫长的旅途中，曾多次被盗和断粮。在他几乎陷于绝境时，都有素不相识的人向他伸出援手。如在湘江遇盗时，行囊被洗劫一空，邻舟一位戴姓的客人，很同情他的遭遇，从身上脱下一条单裤、一件衬衫赠给他御寒。[226]其后，又得到友人金祥甫等人的鼎力相助，使他能得以继续前行。

　　古代交通不便，除步行外，只有骑马、乘舟、坐轿。有人据徐霞客的"游记"资料统计，他共行二万五千九百九十五里（实际行程远大于此数），其中步行一万六千六百七十九里，占64％；坐船行七千二百零五里，占27％；骑马行一千二百五十五里，占5％；坐轿行九百五十六里，占4％。[227]其中轿夫最为辛苦。如崇祯十年十一月二日（1637年12月17日），由广西上峒村至那峒村，轿行三十五里，换轿夫八次。崇山峻岭之中，轿夫难觅，竟先后有四名妇女、两名儿童为他抬轿，劳动强度之大，可想而知。没有这些村民洒下的汗水，徐霞客是不可能完成他的考察伟业的。

第五节　世路崎岖难走马，人情反复易亡羊

司马迁为李陵辩护

司马迁（公元前145～公元前90），汉代左冯翊夏阳（今陕西韩城县）人，是中国传统史学的奠基人。他的名著《史记》，无论在史学史上还是在文学史上，都有崇高的地位。他一生交结过不少朋友，据学者研究，可考者有贾嘉、公孙季功、董生、樊他广、平原君子、冯遂、田仁、任安、壶遂、李陵、苏建、孔安国、董仲舒、东方朔、挚峻等近三十人。在这些朋友中，论交情，他与李陵本来倒是泛泛之交，甚至没有在一起喝过酒。但是，在李陵落难时，他却挺身而出，招致受腐刑的奇耻大辱，为古人之交谊史留下悲壮的一页。

李陵是汉代名将李广之孙，陇西成纪（今甘肃天水市境内）人。他由"誓扫匈奴不顾身"而兵败投降，并另有打算的曲折经历，《汉书》卷六《武帝本纪》、《史记》卷一一〇《匈奴传》、同书卷一〇九《李将军传》都有记载，但以《前汉纪》卷十四记载最详，节录如下：

> ……上（按：汉武帝）使陵为贰师将军[228]督辎重，陵稽首曰：愿得自当一队。上曰：吾无骑与汝。陵曰：不用骑，愿以少击众，步兵五千人，涉单于庭。上壮而许之。陵至峻

稽山，与单于相遇，以骑三万攻陵，陵千余弩俱发，应铉皆倒，虏还走上山。陵追击之，杀数千人。单于大惊，召左右贤王驰兵八万骑攻陵。陵且战且却，南行数日，抵山谷中，复大战，斩首三千余级。……会陵军中侯管敢为校尉所辱，亡降匈奴，具言军无后救，射矢且尽。单于大喜，进兵，使骑并击汉军……陵曰：兵败，吾死矣。军士或劝陵降，陵曰：吾不死，非壮士也。陵叹曰：使我有数十矢，足以免矣，今无兵复战。令军士人持三升糒，一片冰，令各散去。……陵与延年俱上马，壮士从者数十人，虏千骑追之，延年死。陵曰：无面目以报陛下。遂降。

显然，李陵之败，是败于寡不敌众，他已尽了最大的努力。而李陵在《答苏武书》中，谓与匈奴激战至最后，"死伤积野，余不满百，而皆扶病，不任干戈。然陵振臂一呼，创病皆起，举刃指虏，胡马奔走。兵尽矢穷，人无尺铁，犹复徒首奋呼争为先登。当此时也，天地为陵震怒，战士为陵饮血……"[229] 真可谓惨烈悲壮。李陵在《答苏武书》中更谓："然陵不死，有所为也，故欲如前书之言，报恩于国主耳。"[230] 并引范蠡、曹沫忍辱复仇的故事以明心志。但是汉武帝却杀了李陵的老母及妻子，这就使李陵痛感"何图志未立而怨已成，计未从而骨肉受刑，此陵所以仰天椎心而泣血也！"[231]

司马迁深切同情李陵的悲惨遭遇，在汉武帝面前，为李陵辩护。他在名文《报任安书》中，对此事有比较详细的记述，谓：

夫仆与李陵，俱居门下，素非能相善也，趣舍异路，未尝衔杯酒，接殷勤之余欢。然仆观其为人，自守奇士，事亲孝，与士信，临财廉，取予义，分别有让，恭俭下人，常思奋不顾身，以徇国家之急。……夫人臣出万死不顾一生之计，赴公家之难，斯已奇矣，今举事一不当，而全躯保妻子之臣，随而媒孽其短，仆诚私心痛之。且李陵提步卒不满五千，深践戎马之地……转斗千里，矢尽道穷，救兵不至，士卒死伤如积。……陵败书闻，主上为之食不甘味，听朝不怡，大臣忧惧，不知所出。仆窃不自料其卑贱，见主上惨凄怛悼，诚欲效其款款之愚，以为李陵……虽古之名将，不能过也。身虽陷败，彼观其意，且欲得其当而报于汉。事已无可奈何，其所摧败，功亦足以暴于天下矣。仆怀欲陈之而未有路，适会召问，即以此指推言陵之功，欲以广主上之意……明主不晓，以为仆沮贰师，而为李陵游说，遂下于理。……[232]

司马迁为李陵辩护，是合情合理的，并且也是为了替汉武帝排忧，汉武帝却以为他是要败坏自己的宠妃李夫人之兄李广利的声誉，悍然一巴掌把他打下去，真乃忠而获咎，"一寸葵花向日倾"，冤哉枉也。当司马迁遭受汉武帝的政治迫害时，司马迁在朝廷内外的亲朋好友，没有一个人敢站出来帮他说话，更无人慷慨解囊，向家贫无力出钱赎罪的司马迁伸出援手，这与司马迁为李陵披肝沥胆，形成何等鲜明的对比。其实，《报任安书》的写作，本身就是司马迁十分重视朋友情义的产物。司马迁惨遭腐刑出狱后，任中书令，不过是以一个宦者身份，在内廷侍候而已。在此期间，任安写信给他，希望他利用中书令的身份"推贤进士"，司马迁觉得这是苦其所难，不能为也，因此一直没有复信。后来，任安以重罪入狱，司马迁担心他一旦被处死，就会永远失去回信的机会，而抱憾终身，并也因此失去向老友不吐不快、以舒愤懑之机，因此才饱含血泪写成这封信。太史公之重友情，实在令人感佩。

马经纶救援李贽

马经纶字主一，又号诚所，顺天通州（今通县）人。万历十七年（1589）进士，担任过肥城知县，后任御史，因事抗疏，被免职归里。[233]他仰慕进步思想家李贽（1527~1602）的盛名，冒着风雪，长途跋涉三千里，至湖北黄柏山中，去救援李贽。此时的李贽，正受着麻城官府、道学家的严重迫害：给他扣上异端惑世、托讲学宣淫的大帽子，将他所居房舍捣毁，从麻城驱逐出境，并拆掉他准备身后纳骨之塔。李贽被迫亡命黄柏山中。其时已经七十五岁，衰老贫病，马经纶当即决定将他带到武昌去，后因故未去成，便"随携而北，以避楚难"[234]。抵达通州后，马经纶待李贽亦师亦友。李贽继续写作《易因》这本书，并与马经纶共同读《易》，"每卦千遍"[235]。并常引苏东坡的话，"经书不厌百回读，熟读深思子自知"[236]。但不幸的是，一年后，李贽又大祸临头。万历三十年（1602）二月，礼科都给事中张问达上疏弹劾李贽，极尽污蔑之能事：

李贽壮岁为官，晚年削发；近又刻《藏书》《焚书》《卓吾大德》等书，流行海内，惑乱人心。以吕不韦、李园为智谋，以李斯为才力，以冯道为吏隐，以卓文君为善择佳偶……以孔子之是非为不足据，狂诞悖戾，未易枚举，大都刺谬不经，不可不毁者也。尤可恨者，寄居麻城，肆行不简，与无良辈游于庵，挟妓女，白昼同浴，勾引士人妻女入庵讲法，至有携衾枕而宿庵观者，一境如狂。……至于明劫人财，强搂人妇，同于禽兽，而不之恤。……近闻贽且移至通州。通州离都下仅四十

里，倘一入都门，招致尽惑，又为麻城之绩（续）。望敕礼部檄
行通州地方官，将李贽解发原籍治罪，仍檄行两畿各省，将贽
刊行诸书，并搜简其家未刊者，尽行烧毁，毋令贻乱于后，世
道行甚。[237]

结果，万历皇帝朱翊钧下令："李贽敢猖（倡）乱道，惑世诬
民，便令厂卫五城[238]严拿治罪。其书籍已刊未刊者令所在官司，
尽搜烧毁，不许存留。如有徒党曲庇私藏，该科及各有司访参奏束
并治罪。"[239]这样，对李贽疯狂的政治迫害便接踵而至。当逮捕
李贽的锦衣卫成员到来时，正在病中的李贽急问马经纶，他们是什
么人？马经纶答道："是锦衣卫的卫士到了。"李贽立刻明白是怎么
回事，他不想连累好友马经纶，强撑着爬起来，走了几步，大声
说："是为我也。为我取门片来！"遂躺在门片上，"快走！我是罪
人，不宜留"。马经纶甘冒极大的风险，要跟他一起走。李贽反对，
说："逐臣不入城，这是皇明祖制。而且您有老父亲在，需要照
顾。"马经纶大义凛然地说："朝廷以先生为妖人，那么我就是藏妖
的人。要死就一起死，绝不让先生一个人去坐牢，我却留在世上。"
马经纶陪同李贽进京。到了通州城外，京中一些劝告马经纶不要随
李贽入京的好友纷纷而至，他家中的几十个仆人，奉其老父之命，
也哭着劝留。但马经纶都不听劝告，一路陪伴李贽入京。

李贽入狱后，马经纶除千方百计设法照料他外，还上书有司，
为他辩诬，指出"评史与论学不同，《藏书》品论人物，不过一史
断耳，即有偏僻，何妨折衷"。并替李贽申辩，"平生未尝自立一门
户，自设一藩篱，自开一宗派，自创一科条，亦未尝抗颜登坛，收
一人为门弟子"。[240]三月十五日，李贽在狱中用剃刀自刎，次日逝
世。马经纶此时刚好因家中有要事返回通州，闻讯后，痛悔不已地

说："吾护持不谨，以致于斯也。伤哉！"[241]并失声痛哭道："天乎！先生妖人哉！有官弃官，有家弃家，有发弃发，其后一著书学究，其前一廉二千石也。"[242]真是悲愤到了极点。马经纶将李贽的遗骸葬于通县北门外迎福寺侧，并在他的坟上建造了浮屠。马经纶对李贽救难、迎养、辩诬在前，归葬于后，都是顶着巨大的政治压力进行的，情义之重，堪称义薄云天。

查继佐与吴六奇

　　查继佐（1601～1676），号伊璜，自号与斋，学者称为东山先生，海宁人。他是明清之际著名历史学家，著有一〇二卷的明史巨著《罪惟录》以及《国寿录》《鲁春秋》《东山国语》等。他与吴六奇的交谊，堪称奇人奇事。

　　崇祯年间的一个下雪天，查继佐酒后在门外赏雪，只见一个年轻的乞丐立在廊下避雪，相貌不俗。查继佐问话后，得知他就是乞食街市的"铁丐"，便邀他至屋内同饮。那乞丐颇似"长鲸吸百川"，一连喝了三十余瓯，毫无醉态，而查继佐已经醉入黑恬之乡。乞丐见状，走出门外，宿于廊下。次日清晨，虽已放晴，但雪后更寒，查继佐醒来后，想起昨日与"铁丐"畅饮事，即令家人将自己穿的棉袍，送给"铁丐"御寒。铁丐穿上此袍后，也不道谢，扬长而去。次年暮春，查继佐游杭州，寄宿长明寺。他在放鹤亭畔，又遇到了"铁丐"，便与他交谈起来，问：是否读过书？他答道："不读书识字，何至于成了乞丐！"查继佐感到此人定有来历，便邀他至寺内，浴后，又给他换了一身新衣。此丐这才说出他的身世：姓吴，名六奇，广东丰顺人。祖父曾任观察使。因早失父兄，性好博游，致使家产荡尽，流落江湖。查继佐感到，自己是识俊杰于风尘，请僧人买了一担"梨花春"酒，与吴六奇朝夕痛饮，夸赞吴六奇是"海内奇杰"，盘桓月余，厚赠银两，送吴六奇还乡。

弹指间，二十年过去。某日，查继佐在家闲坐，突然有一名广东武官求见，呈上吴六奇书函，同时献上白银三千两。查继佐读了来函后才知道，当年吴六奇回广东后，当了驿卒，对于各州郡的地理形势，了如指掌。他先投南明桂王朱由榔，后投清平南王尚可喜军中，屡立战功。顺治十一年（1654）被超擢为左都督，后又加封太子太保。吴六奇没有忘记二十年前查继佐为他雪天解袍、赠金僧舍、誉他奇杰的往事，称查继佐是他天下第一知己。他这次专派武官来见查继佐，不仅是称谢，还迎请入粤相见。查继佐随武官登程后，刚过梅岭，吴六奇已遣其子恭候道旁。舟抵惠州后，他亲自出城二十里相迎，仪仗威重，俨然是欢迎一位侯王。到了府堂，扶查继佐上座，面北长跪，历叙往事，自称"昔年贱丐，非遇先生，何有今日！幸先生辱临，糜丐之身，未足酬德"[243]。晚上，大摆宴席，"歌舞妙丽，丝竹迭陈，诸将递起为寿，质明始罢"[244]。查继佐整整住了一年，此间尽管吴六奇军务繁忙，但仍百般照料查继佐，他本人及部下的先后馈赠，总计不下巨万。临别时，吴六奇又拿出三千两白银相赠，说"非敢云报，聊以志淮阴少年[245]之感耳"。[246]

在清初的文字狱庄氏明史案中，吴六奇更极力营救查继佐，保住了查氏本人及全家的性命。湖州富翁庄廷鑨，以千金购得故明相国吴兴人朱国桢著明史未刊部分《列朝诸臣传》稿本，改以己名出版，其中所增补的崇祯朝史事，有不少指斥清人语。康熙二年（1663）案发后，庄廷鑨已死，戮其尸，杀其弟廷钺。此案瓜蔓株连，被杀七十余人，遣戍者一百余人。当初，庄氏编书既成，为了提高书的声价，将当时的名士二十四人列入书前参订姓氏中，而查继佐首当其冲。查继佐被逮后，家人飞马往广东给吴六奇报信。吴六奇得报后，立即写了奏折驰送京师，请免查继佐之罪。并致书有关好友，予以关照。因此，"上至督抚部院，无不周旋营护"（《查东山先生年谱》）。相传三法司会审时，有笔帖式（书记官）下阶问安，说："伊璜公，您的疟疾很严重吗？"查继佐一时不知其用意，只好含糊答应。那人又说："此案的口供已经写上'不知情'，请您务必记住！"故查继佐在被审讯时及狱中，均未受刑。凡此，都是吴六奇及查继佐的另一位旧友，也曾当过乞丐、后来同样飞黄腾达的陆晋，合力上下打点的结果。[247] 查继佐坐了二百天监牢后，获释回到海宁家中。比起此案的众多"血污游魂归不得"者，他已是不幸中的大幸者。他的得其善终，为吴六奇与他的莫逆之交，画上了完满的句号。

大刀王五与谭嗣同

大刀王五，名子斌，字正谊，沧州人，回族。十二岁时在一家烧饼铺当学徒。得闲便到附近"盛兴镖局"看镖师练武，被总镖头绰号"双刀李"的李凤岗看中，收为门徒。王子斌在师兄弟中排行第五，并且在武艺中以大刀见长，故江湖上皆称之为大刀王五。1878 年，大刀王五在北京东珠市口西半壁街买下几间房子，创办了"源顺镖局"，从此声名渐振。[248] 但是，他为政界人物所知，是"自甲午资助安维峻，且护之行，士大夫始知其人"[249]。甲午中日战争中，安维峻曾拍案而起，上疏弹劾李鸿章，并指出：慈禧太后（1835～1908）暗中牵掣，太监李莲英干预政事。疏中有曰："皇太后既已归政，而犹若此，上何以对祖宗，下何以对臣民？"这在当时，堪称是敢于冒天下之大不韪。疏上，光绪皇帝（1871～1908）担心为慈禧太后所知，将会严厉惩治安维峻，即日就将他革职充

（左起）杨锐、林旭、刘光第、杨深秀

军。离京之日，有很多人去送行，士大夫都以能一睹安维峻的风采
为荣。而大刀王五的慷慨资助及沿途护送，遂使士大夫认识到大刀
王五的高贵品质。

　　在 1898 年的戊戌变法期间，大刀王五结识了谭嗣同，二人相
知很深。王五教谭嗣同武艺，谭嗣同则向他宣传变法维新的重要性
及种种知识。戊戌变法失败后，王五苦劝谭嗣同和他一起出逃，谭
嗣同坚决不肯，还赶到日本使馆，对在馆中避祸的梁启超说："不
有行者，无以图将来；不有死者，无以酬圣主。"决心为变法而死，
以激励后人。王五被谭嗣同的大义凛然深深感动。谭嗣同将随身所
带的"凤矩"宝剑赠给王五，挥泪惜别。

　　九月二十五日，谭嗣同被捕，加上杨锐、林旭、刘光第、康广
仁、杨深秀，史称"戊戌六君子"。王五多方打听，得知他们关押
在刑部南所头监狱。王五买通狱吏，为谭嗣同送饭，并计划劫狱，
救出谭嗣同，但谭嗣同坚决反对。他在狱中捡煤渣在墙上作诗曰：

　　　　望门投止思张俭，忍死须臾待杜根。
　　　　我自横刀向天笑，去留肝胆两昆仑。

　　"去留肝胆两昆仑"，固然是比喻康有为、梁启超等出逃者及谭

嗣同自己这样的毅然留下者，都是光明磊落、肝胆相照，像巍巍昆
仑一样高大。同时，也包含着谭嗣同将自己最崇敬的康有为、大刀
王五二人，比喻为两座昆仑山，寄予无限希望。九月二十八日，"六
君子"被押赴菜市口刑场问斩，王五获讯后，誓劫法场。他约了一
帮弟兄，埋伏在囚车经过的宣武门。不料，监斩官军机大臣刚毅，
临时改变行车路线，从崇文门，经三里河，过虎坊桥，已经直接抵
达菜市口刑场，并且令官兵沿途把守各路口，不准行人通过。等王
五等人冲到菜市口，"六君子"已慷慨捐躯。王五悲愤至极，会同浏
阳会馆老长班刘凤池、罗升、胡理臣，冒险将谭嗣同的遗体扛回会
馆，购棺殡殓。十一月一日，谭嗣同的灵柩运到湖南，安葬于他的
故乡浏阳南乡牛石岭下。[250] 一路上，王五始终不离灵柩左右。

陈赓救护蒋介石、周恩来

　　1925 年 10 月，广东革命军为打倒军阀陈炯明，举行了第二次
东征。周恩来任东征军总政治部主任兼第一军第一师党代表（师长
何应钦），蒋介石则任东征军总指挥兼第一军军长。10 月 9 日，东
征军逼近陈炯明老巢惠州城。陈赓在担任攻城任务的第四团当连
长。他身先士卒，冒着枪林弹雨，攻上城头。敌军的子弹击中其左
脚，他拔出弹片照旧冲杀。10 月 14 日傍晚，国民革命军终于全歼
惠州城内之敌。随后，东征军长驱直入，进军潮（州）梅（县）地
区，穷追敌寇。此时，陈赓的连队被调到总指挥部担任护卫。

　　时已 10 月下旬，陈炯明叛军林虎的主力集中在华阳。革命军
三师师长谭曙卿（国民党右派）盲目地向华阳前进，结果被林虎重
兵包围，形势危急。蒋介石闻讯赶来督战，未能扭转战局，他让陈
赓捎信给谭曙卿：凡临阵逃跑者，不论是谁，统统枪毙。但也未能

阻止谭师的全线崩溃，连总指挥部的人马也纷纷溜了。在此危急关头，蒋介石深感不妙，连呼"我唯有自杀以成仁，我没有脸回去见江东的父老"。陈赓见状，赶忙劝慰他："你是总指挥，你的行动会对这次整个的战争发生影响。这终究只不过是一个师，它毕竟不是黄埔训练出来的军队。赶快离开这里吧！我们回头把部队整顿一下，还是可以再打过来的。"经此劝慰，蒋介石才平静下来。

眼看林虎的队伍逼近，仅一二里之遥，蒋介石两腿发软，举步维艰。陈赓见情况危急，赶紧将蒋介石背在背上往后撤，背背走走，足有好几里路，直到一条河边，上了船。陈赓命令自己那个连占领阵地，竭力阻止敌人追击，掩护蒋介石退过河去，脱出险境。过河后，蒋介石觉得大难未死，身上来劲，跑得飞快，连陈赓都跟不上。陈赓把蒋介石安顿好后，又聚集起一部分人马。接着，他又奉蒋介石之命，连夜在深山丛林急行一百六十多里，克服土匪、老虎、敌军威胁的重重困难，把信送到党代表周恩来手中。周恩来见信，立即派出一支部队，接回蒋介石，使他安全地继续指挥东征。

蒋介石没有忘记陈赓的救命之恩，曾一度送给他很多礼物，并调他任侍从参谋，可以随便进出蒋介石的居处。[251] 后来虽然分道扬镳，并随着国共两党的分裂，兵戎相见，但在 1933 年的白色恐怖中，陈赓被国民党逮捕，落在蒋介石手中时，蒋介石虽然对他诱降，但顾及当年陈赓的救命之恩，未忍心将他立即置于死地，使陈赓最终在共产党的营救下脱险。

陈赓还救护过周恩来。

1935 年，在红军长征途中，到达毛儿盖后，周恩来患肝炎，连续几天发高烧，不能进食。因已变成阿米巴肝脓肿，却无法排脓，医生只能用治痢疾的易米丁，并让卫士到六十里外的高山上取冰块冷敷在他的肝区上方。到 8 月 21 日，红军开始过草地，周恩来随彭德怀率领的红三军团殿后。身体十分虚弱的周恩来，连在平地上都走不动，遑论在寸步难行的草地上。彭德怀思索一阵后，果断地命令扔掉两门迫击炮，腾出四十名战士，将周恩来等[252]抬出草地。但急切之中，找不到合适的担架队长。因为担此重任者，不但要能吃苦耐劳，还要有医学护理知识。正在犯难之际，干部团团长陈赓找到彭德怀，自告奋勇地说："我来当担架队长！"彭总很不客气地说："你是个瘸子，还是先保住你自己吧！"陈赓保证说："只要我还有一口气，就一定把周副主席安全抬到目的地。"在杨尚昆的支持下，陈赓终于担任担架队长。兵站部部长兼政委杨立三[253]也坚持参加担架队。

三军团走了六天六夜，终于走出草地，到达班佑。在草地行军中，陈赓、杨立三和其他战士，以饥寒疲惫之身，万分艰难地抬着周恩来，以致周恩来几次不忍于心，多次挣扎着从担架上爬下来。[254]沿途不断有红军战士冻死、饿死、病死、被泥潭吞没，而周恩来依靠战友的赤诚之谊，终于平安地渡过险关。周恩来在过了草地后，感激地对陈赓说："东征时你救过蒋介石，长征路上又救了我。"[255]作为一代名将的陈赓，一人竟救过两位中国政治舞台上的领袖人物，这在整个中国历史上，是绝无仅有的。

卖　友

人性之差大矣。自古以来，救友者固然很多，但卖友求荣者也不少。如，韩信出卖钟离昧。项羽逃亡的将领钟离昧家住伊庐，一直同韩信很友好。项羽死后，钟离昧投奔韩信。刘邦怨恨钟离昧，听说他在楚国，就下令楚国捉拿他。汉高帝六年（公元前201），有人上书举报楚王韩信谋反。刘邦采纳陈平的计策，说天子要巡视会见诸侯。南方有个云梦泽，派使者通知各诸侯到陈地朝会，其实是要袭击韩信，而韩信一无所知。刘邦将要到达楚国时，韩信想起兵造反，但又自觉无罪，想去朝见，又怕被抓起来。有人向他建议："杀了钟离昧去朝见，皇帝一定高兴，也就没有祸患了。"韩信与钟离昧商量此事。钟离昧说："皇帝之所以不敢攻取楚国，是因为我在您这里。如果要抓我去讨好皇帝，我今天死，你也就随即灭亡了。"于是大骂韩信是小人，愤而自杀。韩信带着他的头，去见刘邦，刘邦当场逮捕了韩信。[256] 真可谓被钟离昧不幸而言中。

又如，清初道学家李光地（1642～1718）出卖陈梦雷（1650～1741）。陈梦雷与李光地不仅是侯官（今福州市）同乡，还是同年进士，康熙十二年（1673）秋，又同时从编修任上告假返乡。这年冬天，吴三桂在云南发起反清战争。次年三月，耿精忠在福州举兵呼应。不久，李光地被耿精忠调至福州，而陈梦雷已被迫出任伪职。陈梦雷请李光地至家中密谋，决定里应外合，陈梦雷利用所任伪职的合法身份，"阴合死士以待不时之应"。李光地则"遁迹深山，间道通信"。临别时，陈梦雷悲壮地说："他日幸见天日，我之功成，则白尔之节；尔之节显，则述我之功。倘时命相左，郁郁抱恨以终，后死者当笔之于书，使天下后世知国家养士三十余年，海滨万里外，犹有一二孤臣，死且不朽。"[257] 李光地也煞有介事地发誓说："果能相保全者，本朝恢复日，君之事予任之。"[258] 康熙十四年五月，李光地离闽北上，蜡丸密疏，递送情报，献攻取福建策。但李光地至京后，独上密疏，只字不提陈梦雷为内应的事，将蜡丸之事，完全据为己功，因而青云直上。三藩之乱平定后，陈梦雷以附逆罪受审，李光地一声不吭，拒绝为他澄清事实真相，结果陈梦雷以叛逆论斩，幸亏得到高官徐乾学暗中力为开脱，免死谪戍沈阳，达十余年之久。李光地却在自己的著述中，极力歪曲事实真相，甚至嫁祸于陈梦雷，真是一个卖友的典型。

　　当然，韩信、李光地辈是高官，他们的卖友行径，实际上是残酷的宦海风波的一部分。就百姓而言，包括文人学者，历来把朋友作为向朝廷或显宦见面礼的，也是屡见不鲜。刘师培（1884～1919）出卖革命党人，即为近代比较著名的一例。

　　刘师培字申叔，又名光汉，别号左盦，江苏仪征人。十九岁时乡试中试，成了举人。少年科第，才名远播。他继承家学，博览群书，精通汉学。光绪二十九年（1903）在上海结识章炳麟、蔡元培等爱国学社成员，赞同革命。同年冬出版《中国民族志》与《攘书》，宣传反清思想。1904年担任《警钟日报》主笔，加入光复会。后赴日本，加入同盟会，与张继在东京举办"社会主义讲习会"，并与其妻何震创办《天义》等刊物，宣传无政府主义，反对民族革命。宣统元年（1909），为两江总督端方收买，入其幕，向端方密报革命党人的内部情况及新的动向，为士林所不齿。[259]

注　释

★　此书部分引文点句由作者标注，因而与通行版本有不同之处，特此说明。

[1]《三国志·王粲传》裴注引《魏氏春秋》。

[2]《嵇中散集》卷七《难张辽叔自然好学论》。

[3]《阮嗣宗集·大人先生传》。

[4]《文选》卷五三。

[5] 吕安，字仲悌，东平人，被司马昭杀害。

[6]《史记·李斯列传》：李斯临刑对其子说："吾欲与若复牵黄犬，俱出上蔡东门逐狡兔，岂可得乎？"语极沉痛。

[7]《文选》卷一六。

[8] 鲁迅在《为了忘却的记念》（见《南腔北调集》）一文末段说："要写下去，在中国的现在，还是没有写处的。年青时读向子期《思旧赋》，很怪他为什么只有寥寥的几行，刚开头却又煞了尾。然而，现在我懂得了。"足见《思旧赋》的巨大历史影响。

[9]《嵇中散集》卷二。

[10] 参阅王春瑜《说"天地君亲师"》，《牛屋杂俎》，成都出版社 1994 年版，第 61 页。

[11]《史记》卷四七《孔子世家》。

[12]《宋史》卷四二八《杨时传》，《二程语录》一七引《侯子雅言》。

[13]《草堂雅集》卷九。

[14] 何良俊：《语林》卷三。

[15]《遂昌山樵杂录》。参见陈高华《元代画家史料》，第 463 页。

[16]《明史》卷三〇六《霍维华传》。

［17］参见王春瑜《读〈诏狱惨言〉》。《"土地庙"随笔》，光明日报出版社 1985 年
　　　版，第 36—40 页。

［18］《史忠正公集》附录《左史逸事》。

［19］《顾亭林诗文集》卷六。

［20］阎若璩：《南雷黄氏哀辞》，《潜丘札记》，清刻本卷三。

［21］参阅王春瑜《顾炎武北上抗清说考辨》，载《中国史研究》1989 年第 4 期。

［22］梁启超：《清代学术概论》，商务印书馆 1921 年版，第 138 页。

［23］同上书，第 128—129 页。

［24］同上书，第 140 页。

［25］沃丘仲子：《现代名人小传》卷下《蔡锷传》，中国书店影印 1988 年版。

［26］原件现藏于陈守实先生夫人王懿之处。参阅王春瑜《梁启超与陈守实》，《大公
　　　报》1989 年 2 月 10 日"艺林"。

［27］谢国桢：《明末清初的学风》，人民出版社 1982 年版，第 279 页。

［28］参阅王春瑜《秋夜话谢老》，载《学林漫录》第 10 集，中华书局 1985 年版。

［29］许寿裳编著：《章太炎》，第 75—76 页。按：《谢本师》原文，最早刊于《民
　　　报》1906 年 11 月出版的第 9 号。

［30］章太炎：《太炎文录》卷二《孙诒让传》。

［31］同上书《瑞安孙先生伤辞》。

［32］顾潮编著：《顾颉刚年谱》，中国社会科学出版社 1993 年版，第 49 页。

［33］《古史辨》第 1 册序文，第 12 页。

［34］《古史辨》第 1 册序文，第 47 页。

［35］胡颂平编著：《胡适之先生年谱长编初稿》第 8 册，第 2989—2990 页。

［36］罗尔纲：《师门五年记·胡适琐记》，第 9 页。

［37］《师门五年记·胡适琐记》，第 1—6 页。

［38］阎秀卿：《吴郡二科志·唐寅传》，《纪录汇编》卷一二一。

［39］《吴郡二科志·唐寅传》。

［40］《明史》卷二八六《唐寅传》。

［41］同上书，卷二八七《文征明传》。

［42］吴履云：《五茸志逸》卷六。

［43］钱谦益：《列朝诗集小传》丙集，上海古籍出版社 1993 年版，第 299 页。

［44］顾璘：《国宝新宝》，纪录汇编卷一〇四，第 5—6 页。

［45］《吴郡二科志·徐祯卿传》。

［46］［47］《明史》卷二八六《徐祯卿传》。

［48］《唐伯虎全集》卷五，大道书局 1925 年版，第 4 页。

［49］［50］同上书，第 5 页。

［51］《唐伯虎全集》补遗《唐伯虎轶事》卷一。

［52］《唐伯虎轶事》卷二。

［53］同上书。

［54］徐祯卿：《新倩籍》，《纪录汇编》卷一二二，第 3—4 页。

［55］同上书，第 5—6 页。

［56］《明史》卷二八六《唐寅传》。

［57］《新倩籍》，第 7 页。

［58］《吴郡二科志》，第 32 页。

［59］《唐伯虎轶事》卷二。

［60］同上书引《舌华录》。

［61］《唐伯虎全集》卷二。

［62］故宫博物院编：《明代吴门绘画》，紫禁城出版社、商务印书馆（香港）有限公司 1990 年合作出版，第 75 页。

［63］《梅村文集》卷三六《冒辟疆五十寿序》。

［64］黄宗羲：《南雷文约》卷一《陈定生先生墓志铭》。

［65］吴铠：《东皋咏水绘庵》，载于道光刊本《如皋县志》。

［66］清初著名清官，小说《施公案》即根据他的事迹创作而成。

［67］冒舒湮：《冒辟疆其人其事及其书法》，见《扫叶集》，第 383 页。

［68］《壮悔堂遗稿》，见《四部备要》集部，中华书局版，第 101 页。

［69］《四忆堂诗集》卷二，第 122 页。

［70］《壮悔堂文集》卷二，第 27 页。

［71］《四忆堂诗集》卷五，第 139—140 页。

［72］同上，第 139 页。

［73］孟森：《心史丛刊》，岳麓书社 1986 年版，第 59 页。

［74］《梅村家藏稿》卷一〇。

［75］《心史丛刊》第 59 页。

［76］冯其庸、叶君远：《吴梅村年谱》，江苏古籍出版社 1990 年版，第 368 页。

［77］《梅村家藏稿》卷一九。

［78］顾贞观：《弹指词》。参见龙榆生编选《近三百年名家词选》，第 66 页。

［79］陈廷焯：《白雨斋词话》卷三。

［80］纳兰容若：《通志堂集》卷七。

［81］徐钶：《孝廉汉槎吴君墓志铭》，载《南州草堂集》卷二九。按："少府"，即内务府。

［82］王士祯：《渔洋续诗集》卷一四。

［83］《近三百年名家词选》引梁令娴《艺蘅馆词选》。

［84］《朝花夕拾·从百草园到三味书屋》，见《鲁迅全集》第 2 册，第 281 页。

［85］即经学家段玉裁。

［86］即经学家郝懿行。

［87］许寿裳：《章炳麟》，第 78 页。

［88］《鲁迅全集》第 12 册《书信》，第 185 页。

［89］《且介亭杂文二集·名人和名言》，见《鲁迅全集》第 6 册，第 362 页。

［90］《且介亭杂文末编·关于太炎先生二三事》，见《鲁迅全集》第 6 册，第 545—547 页。

［91］于听：《郁达夫生平事略》（上），载《文化史料》第 6 辑，文史资料出版社 1983 年版。

［92］周艾文、于听编订：《郁达夫诗词抄》，浙江人民出版社 1981 年版，第 137 页。

［93］林志浩：《鲁迅传》，北京出版社 1981 年版，第 352 页。

［94］《集外集》，见《鲁迅全集》第 7 册，第 147 页。

［95］鲁迅：《集外集》，《鲁迅全集》第 7 册，第 155 页。

［96］指国民党浙江省党部官员、省教育厅长许绍棣。

［97］指日本帝国主义。

［98］史平（即陈云）：《一个深晚》，《人民日报》1980 年 5 月 3 日转载。此文原刊于 1936 年 10 月 30 日巴黎《救国时报》。

［99］此系清朝文人何瓦琴的自集褉帖字。

［100］杨之华：《〈鲁迅杂感选集·序言〉是怎样产生的》，载《语文学习》1958 年 1 月。

［101］即瞿秋白。

［102］即瞿秋白笔名史铁儿。

［103］《新青年》第 4 卷第 3 期，1918 年 3 月出版。

［104］［105］《且介亭杂文·忆刘半农君》，见《鲁迅全集》第 6 册，第 71 页。

［106］《华盖集续编·为半农题记〈何典〉后作》，见《鲁迅全集》第 3 册，第 304 页。

［107］《花边文学·趋时和复古》，见《鲁迅全集》第 5 册，第 535 页。

［108］《且介亭杂文·忆刘半农君》，见《鲁迅全集》第 6 册，第 73 页。

［109］林志浩：《鲁迅传》，第 386 页。

［110］《鲁迅全集》第 12 册，第 506 页。

［111］孙伏园：《第一个阳历元旦》，原刊《宇宙风》第 8 期，1936 年 1 月 1 日出版。转见商金林编《孙伏园散文选集》，百花文艺出版社 1991 年版，第 181 页。

［112］同上书，第 150 页。

［113］即《晨报》副刊。

［114］《鲁迅全集》第 11 册《书信》，第 416—417 页。

［115］《华盖集续编》，见《鲁迅全集》第 3 册，第 379—380 页。

［116］《哭鲁迅先生》，见《孙伏园散文选集》，第 152 页。

［117］《哭鲁迅先生》，见《孙伏园散文选集》，第 153 页。

［118］指没有在鲁迅教书的学校上过学。

［119］《鲁迅全集》第 12 册《书信》，第 531—532 页。

［120］同上书，第 559 页。

［121］《鲁迅全集》第 12 册《书信》，第 562 页。

［122］同上书，第 586 页。

［123］《且介亭杂文二集》，见《鲁迅全集》第 6 册，第 287 页。

［124］萧军：《〈生死场〉重版前记》，见《生死场》，黑龙江人民出版社 1980 年版，第 4 页。

［125］《且介亭杂文》，见《鲁迅全集》第 6 册，第 408—409 页。

［126］贾植芳：《狱里狱外》，上海远东出版社 1995 年版，第 134 页。

［127］萧凤：《萧红散文选集序》。

［128］［129］《南腔北调集·为了忘却的记念》，见《鲁迅全集》第 4 册，第 436—488 页。

［130］《郭沫若在重庆》，转见《郭沫若与夫人战友朋友》，第 81 页。

［131］叶梦得：《避暑录话》卷下。

［132］吴曾：《能改斋漫录》卷一六《柳三变词》。

［133］胡仔：《苕溪渔隐丛话》后集三九引《艺苑雌黄》。

［134］祝穆：《方舆胜览》卷一一。

［135］曾敏行：《独醒杂志》卷四。

［136］见明末冯梦龙编：《全像古今小说》卷一二。

［137］［138］吴曾：《能改斋漫录》卷一六"乐府"《杭妓琴操》。

［139］周密：《齐东野语》卷二〇《台妓严蕊》。

［140］赵善政：《宾退录》卷二。

［141］王锜：《寓圃杂记》卷七。

［142］冒襄：《影梅庵忆语》。

［143］冯其庸、叶君远：《吴梅村年谱》，第106页。

［144］吴伟业：《梅村家藏稿》卷一〇《楚两生行》。

［145］《梅村家藏稿》卷五二。

［146］钱谦益：《有学集》卷六。

［147］同上书，卷五〇。

［148］龚鼎孳：《定山堂诗集》卷三二。

［149］前人：《定山堂古文补遗》卷下。

［150］冒襄：《巢民诗集》卷六《小秦淮曲》之一。

［151］南京朱市名妓，张岱形容她"寒淡如孤梅冷月，含冰傲霜"。见《陶庵梦忆》
　　　　卷八《王月生》。

［152］《陶庵梦忆》卷五。

［153］参见陈汝衡《说书艺人柳敬亭》，第102页。

［154］张岱：《琅嬛文集》"祭文"。

［155］杨云史：《致张次溪书商赛金花墓碑事》，见《赛金花本事》第165页。

［156］郑逸梅：《逸梅杂札》第172页。

［157］卢前：《琵琶赚》引《檀青引》全文。见《丙寅所为五种曲》。

［158］周简段：《齐如山谈梨园往事》，载《神州轶闻录》第122页。

［159］吴梅：《霜崖曲录》卷一，1936年饮虹簃刻本，第3—4页。

［160］《霜崖曲录》卷二，第1—2页。

［161］《吴瞿安先生〈诗词戏曲集〉读后记》，转引自王卫民《吴梅评传》，社会科学
　　　　文献出版社1995年版，第163—164页。

［162］阮无名编：《中国新文坛秘录》第192—193页。

［163］《全唐诗》卷一六七，李白，七。

［164］同上书，卷一七二，李白，一一。

［165］同上书，卷一八三，李白，二三。

［166］同上书，卷一七八，李白，一八。

［167］《全唐诗》卷二八一，李白，二二。

［168］同上书，卷一八四，李白，二四。

［169］同上书，卷一六六，李白，六。

［170］同上书，卷一七六，李白，一六。

［171］《全唐诗》卷一八四，李白，二四。

［172］同上书，卷二二七，杜甫，一二。

［173］同上书，卷二二八，杜甫，一三。

［174］《全唐诗》卷三四四，韩愈，九。

［175］同上书，卷三三七，韩愈，二。

［176］同上书，卷三四三，韩愈，八。

［177］同上书，卷三四五，韩愈，一〇。

［178］同上书，卷三四五，韩愈，一〇。

［179］《全唐文》卷三一四，李翱：《与本使请停率修寺观钱状》《再请停率修寺观钱状》。

［180］《景德传灯录》卷一四《澧州药山惟俨禅师传》。参阅葛兆光《禅宗与中国文化》，第34—35页。又，《全唐诗》卷三六九引此诗字句略有不同。

［181］何良俊：《语林》卷二七。

［182］［183］《东坡志林》卷二《付僧惠诚游吴中代书十二》。

［184］《侯鲭录》卷一。

［185］《语林》卷一七《赏誉》第九下。

［186］苏轼：《问答录》，见《宝颜堂秘笈》普集第二。

［187］余叟辑：《宋人小说类编》卷二引《钱氏私志》。

［188］《五灯会元》卷一六亦有记载。

［189］《语林》卷二七《排调》第二七。

［190］《苏东坡全集》卷一三。

［191］参阅王春瑜《谁是江上吹箫人》《风流道士杨士昌》，载《阿Q的祖先——老牛堂随笔》，第163—166页。

［192］《徐霞客游记》上册，第200—204页。

［193］同上书，下册，第1153—1154页。

［194］同上书，上册，第636—637页。

［195］同上书，上册，第671—672页。

［196］同上书，下册，第731—732页。

［197］同上书，上册，第468页。

［198］同上书，下册，第1159页。

［199］指南社诗人高天梅。

［200］裴效维校点：《苏曼殊小说诗歌集》第224页。

［201］黄忏华：《苏曼殊的生平》，载《文化史料》第4辑。

［202］《鲁迅全集》第13册，第482页。

［203］"寄弹筝人"指曼殊的诗《寄调筝人》，系三首七言绝句，情调颓废，与拜伦

的诗风截然相反，故鲁迅有此说。

［204］《鲁迅全集》第 1 册，第 220 页。

［205］夏丏尊：《平屋杂文》，开明出版社 1992 年版，第 81 页。

［206］《丰子恺散文选集》，百花文艺出版社 1991 年版，第 187 页。

［207］林子青居士：《弘一大师传》，弘一法师纪念馆印，第 45—46 页。

［208］陈星：《天心月圆·弘一大师》，山东画报出版社 1995 年版，第 76 页。

［209］杨廷福：《玄奘生平简谱》，载《玄奘论集》，齐鲁书社 1986 年版，第 109 页。

［210］《开元释教录》卷八。

［211］《玄奘论集》，第 72 页。

［212］《一梦漫言》卷上，莆田广化寺翻印，第 30—31 页。

［213］《影尘回忆录》下册，香港 1978 年版，第 205 页。

［214］同上书，第 209—218 页。

［215］沈征：《谐史》，见《说郛》第 1 册，第 422—423 页。

［216］《明人百家》，上海文艺出版社 1990 年版，第 361 页。

［217］李乐：《见闻杂记》，上海古籍出版社 1986 年版，第 1011—1012 页。

［218］同上书，第 1011—1012 页。

［219］同上书，第 505—509 页。

［220］《徐霞客游记》上册，第 391 页。

［221］同上书，第 1024—1025 页。

［222］同上书，下册，第 922—923 页。

［223］同上书，上册，第 411 页。

［224］同上书，上册，第 489—490 页。

［225］同上书，第 238 页。

［226］同上书，第 201 页。

［227］唐锡仁、杨文衡：《徐霞客及其游记研究》，中国社会科学出版社 1987 年版，第 32 页。

［228］李广利。

［229］［230］［231］［232］《艺文类聚》卷三〇。

［233］《明史稿列传》卷一〇九《马经纶传》。

［234］《温陵外纪》卷四。

［235］刘侗、于奕正：《帝京景物略》卷八。

［236］汪本钶：《卓吾先师告文》，见《李氏遗书》附录。

［237］《明神宗万历实录》卷三六九。

［238］指五城兵马司。

［239］《明神宗万历实录》卷三六九。

［240］马经纶：《启当事书》，见《李氏遗书》附录。

［241］袁中道：《李温陵传》，见《珂雪斋近集文钞》。

［242］《帝京景物略》卷八"畿辅名迹"。

［243］［244］钮琇：《觚剩》正编卷七"雪遘"。

［245］王士禛：《带经堂集》卷七九《昊顺恪六奇别传》。

［246］指汉初名将韩信穷困时乞食于漂母的故事。

［247］参阅汪茂和《奇人奇遇：查继佐佚事》，载《古今掌故》第 3 辑。

［248］周简段：《大刀王五与源顺镖局》，载《神州轶闻录》第 274 页。

［249］沃丘仲子：《近代名人小传》第 125 页"大刀王五"。

［250］参阅李中庆《王五》，见《中国历代名侠》第 162—163 页。

［251］《陈赓大将》第 40 页。承蒙该书作者穆欣老同志将有关的内容复印寄赠，书
　　　此致谢。

［252］还有王稼祥等重病号。

［253］杨立三（1900～1954）解放后任解放军总后勤部部长、中央人民政府食品工
　　　业部部长等职。杨立三去世后，周恩来总理亲自给他抬棺送葬，以不忘草地
　　　救护之情。

［254］《周恩来传》第 294 页。

［255］尹家民：《陈赓与彭德怀》，载《名人》1995 年第 6 期。

［256］《史记》卷九二《淮阴侯列传》。

［257］陈梦雷：《闲止书堂集钞》卷一。

［258］李光地：《榕村续语录》卷一〇《本朝时事》。

［259］参阅张舜徽《清代扬州学记》第八章《刘师培》。

中国人的情谊

辑

二

第一节　一阔脸就变，所砍头渐多

打天下时的患难与共

刘邦与萧何、韩信等人的生死之交

　　秦王朝建立后，秦始皇的统治在历史上称得上是"以暴虐为天下始"[1]。秦始皇死后，宦官赵高（？～公元前207）胁迫丞相李斯（？～公元前208）策划了"沙丘之变"，扶助秦始皇的小儿子胡亥（前230～公元前207）阴谋篡取了帝位。年仅二十一岁的秦二世胡亥登上皇帝宝座后，认为当了皇帝理应尽情享乐。他说："夫人生居世间也，譬犹骋六骥过决隙也。吾既已临天下矣，欲悉耳目之所好，穷心志之所乐，以安宗庙而乐万姓，长有天下，终吾年寿。"[2]赵高出于达到自己独揽朝政大权、篡夺皇位的目的，极力赞成秦二世的想法，并为他出谋划策，首先杀害了对他们有妨碍的诸公子、公主，以及大臣蒙毅、蒙恬等人，受株连者不可胜数。然后大兴土木，复做阿房宫，压榨百姓。百姓再也无法忍受暴政，"海内愁怨"，"百姓力屈，欲为乱者，十室而五"，终于激起了农民大起义的爆发。

　　秦二世元年（公元前209）七月，陈胜、吴广率领九百名被征召派往渔阳服役的农民在蕲县大泽乡"揭竿而起"，发动了起义。在很短的时间内，起义军攻占了安徽、河南大部分地区，各地农民纷纷响应，起义队伍很快壮大到数万人。这时，各式各样的人物出于各自的目的，纷纷投入推翻秦王朝的洪流中。

同年九月，沛县泗水亭（在今江苏沛县）亭长刘邦（公元前256～公元前195）在沛县率众起义。

刘邦，名季，即著名的西汉王朝的开国皇帝汉高祖，沛县丰邑中阳里人。刘邦为人"仁而爱人，喜施……常有大度，不事家人生产作业"[3]。成年后，担任泗水亭长之职，喜好酒色，其实是个乡间无赖。刘邦尽管地位微贱，却胸怀大志。他曾经押送役夫到咸阳，看到秦始皇出行时的盛大场面，不由得"喟然太息曰：'嗟乎！大丈夫当如此也！'"当时刘邦有两个好朋友，一个是担任沛县主吏的萧何（？～公元前193），一个是担任狱掾的曹参，他们二人都是沛县有权势的"豪吏"。萧何同刘邦的交情非常深，他经常资助、卫护刘邦。[4]萧何介绍刘邦结识了豪强吕公，吕公很钦佩和器重刘邦，将女儿许配给他为妻，这个女儿就是后来的吕太后。

陈胜、吴广起义时，刘邦正因为放跑了他所押送去骊山修秦始皇陵墓的刑徒，而藏匿在芒砀山里招兵买马。萧何、曹参二人听到陈胜、吴广起义的消息，决定请刘邦回沛县来主持武装起义。他们一面同沛县县令商量，征得了他的同意，一面把刘邦的队伍请到城外。这时沛县县令突然反悔，还想杀害萧何、曹参，萧、曹二人翻墙出城，与刘邦里应外合，使沛县起义取得了胜利。长期的战争中，萧何、曹参二人始终跟随刘邦，建立了丰功伟业。尤其是萧何，对刘邦建立西汉王朝，可以说是立下头功。

公元前206年10月，刘邦率领军队打下咸阳，将领们"皆争走金帛财物之府分之，何独先入收秦丞相、御史律令图书藏之。……汉王所以具知天下阸塞、户口多少、强弱之处、民所疾苦者，以何具得秦图书也"[5]。

当初，诸侯相约，谁先入关破秦，就由谁为秦地之王。打下咸阳后，项羽毁约，却封刘邦为汉王。刘邦大怒，想同项羽决战，众将纷纷劝阻，萧何劝刘邦正确估计自己的力量，先到汉中就王位，养百姓，招贤能，利用巴蜀的有利条件，伺机还攻三秦，就有希望统一天下了。刘邦同意了萧何的意见，去汉中就王，封萧何为丞相。汉王二年（公元前205），刘邦率领军队攻楚，萧何"守关中，侍太子，治栎阳。为法令约束，立宗庙、社稷、宫室、县邑，辄奏，上可，许以从事，即不及奏，上辄以便宜施行，上来以闻。关中事计户口转漕给军，汉王数失军遁去，何常兴关中卒，辄补缺。上以此专属任何关中事"[6]。楚汉战争初期，刘邦一再败给实力强大的楚霸王项羽，是萧何保全了后方关中，做好后勤供应，才使得刘邦转败为胜。

萧何帮助刘邦团结将相，推荐有用的人才。萧何"进言韩信，汉王以信为大将军"。韩信（？～公元前196），淮阴人。布衣出身，穷得没饭吃，到处寄食，以至于分吃一个漂洗棉絮的老太太的饭。淮阴城中有个屠夫的儿子，侮辱韩信说："若虽长大，好带刀剑，中情怯耳。"众辱之曰："信能死，刺我；不能死，出我袴下。""于是信孰视之，俛出袴下，蒲伏。"[7]市人皆笑信，以为怯。后来韩信投奔项梁（项羽的叔父）的队伍，项梁死后，又跟随项羽。韩信几次献计，项羽看不起韩信，没有采用他的计策。韩信便离开项羽，投奔了刘邦。韩信几次同萧何谈论天下大事，萧何很器重他，多次向刘邦推荐。刘邦也同样看不起韩信，不肯起用他。刘邦被项羽封为汉王，建都南郑，将士们思念东归，很多将领士卒都逃跑了。韩信考虑到尽管萧何一再推荐，自己仍然得不到刘邦的重用，索性也逃走了。萧何听到这个消息，"不及以闻，自追之。人有言上曰：'丞相何亡。'上大怒，如失左右手。居一二日，何来谒上。

上且怒且喜，骂何曰：'若亡何也？'何曰：'臣不敢亡也，臣追亡者。'上曰：'若所追者谁？'何曰：'韩信也。'上复骂曰：'诸将亡者以十数，公无所追，追信诈也。'何曰：'诸将易得耳。至如信者，国士无双，王必欲长王汉中，无所事信；必欲争天下，非信无所与计事者。顾王策安所决耳。'王曰：'吾亦欲东耳，安能郁郁久居此乎？'何曰：'王计必欲东，能用信，信即留，不能用信，终亡耳。'……王曰：'以为大将？'何曰：'幸甚。'于是王欲召信，拜之，何曰：'王素慢无礼，今拜大将……择良日斋戒，设坛场，具礼，乃可耳。'王许之。"[8]这就是千古美谈"萧何月下追韩信"的来源。

汉王五年（公元前 202），刘邦即皇帝位，是为汉高祖。刘邦感激萧何帮助自己打江山的功劳，为酬谢他，在论功行封时，封萧何为酂侯，食邑八千户。功臣们都不服气，在刘邦面前提意见。刘邦问他们："诸君知猎乎？"曰："知之。""猎狗乎？"曰："知之。"高帝曰："夫猎，追杀兽兔者，狗也，而发踪指示兽处者，人也。今诸君徒能得走兽耳，功狗也；至如萧何，发踪指示，功人也。……"群臣皆莫敢言。

受封完毕，在评定位次时，众人认为曹参的功劳不在萧何之下，都说曹参"身被七十创，攻城略地，功最多，宜第一"[9]。关内侯鄂秋说："群臣议皆误。夫曹参虽有野战略地之功，此特一时之事。夫上与楚相距五岁，常失军亡众，逃身遁者数矣。然萧何常从关中遣军补其处，非上所诏令召，而数万众会上之乏绝者数矣。夫汉与楚相守荥阳数年，军无见粮，萧何转漕关中，给食不乏。陛下虽数亡山东，萧何常全关中以待陛下，此万世之功也。今虽亡曹参等百数，何缺于汉？汉得之不必待以全。奈何欲以一旦之功，而加万世之功哉！萧何第一，曹参次之。"这篇议论正合刘邦的心意，刘邦立即同意，于是又下令，萧何"赐带剑履上殿，入朝不趋"。刘邦还说："萧何功虽高，得鄂君乃益明。"[10]为此还加封了鄂秋的爵位。

韩信为汉王朝的建立做出了重要的贡献。汉王元年（公元前206），刘邦听从萧何的建议封韩信为大将军。封任仪式后，刘邦同韩信进行诚恳的长谈。韩信向刘邦陈述了项羽的"匹夫之勇""妇人之仁"，分封不公和所过残破等弱点，分析了刘邦可以取得胜利的有利条件，提出还定"三秦"的建议，刘邦采用了这个建议。当年八月，从汉中进兵关中，再次占有关中。在楚汉战争中，韩信率领几万军队，开辟北方战场。韩信平定魏地，俘虏魏王豹，东进井陉，大破赵军。齐王田广、楚将龙且两军联合起来同韩信作战。

楚将龙且和项羽先派武涉去游说当时已经被封为齐王的韩信，劝他反叛汉王刘邦。武涉说："天下共苦秦久矣，相与戮力击秦。秦已破，计功割地，分土而王之，以休士卒。今汉王复兴兵而东，侵人之分，夺人之地，已破三秦，引兵出关，收诸侯之兵以东击楚，其意非尽吞天下者不休，其不知厌足如是甚也。且汉王不可必身居项王掌握中数矣。项王怜而活之，然得脱，辄倍约，复击项王，其不可亲信如此。今足下虽以与汉王为厚交，为之尽力用兵，终为之所禽矣。足下所以得须臾至今者，以项王尚存也。当今二王之事权在足下，足下右投则汉王胜，左投则项王胜，项王今日亡，则次取足下。足下与项王有故，何不反汉与楚连合，参分天下王之？……"韩信考虑到刘邦对自己的恩宠与信任，拒绝说："臣事项王，官不过郎中，位不过执戟。言不听画不用，故倍楚而归汉。汉王授我上将军印，予我数万众。解衣衣我，推食食我，言听计用，故吾得以至于此。夫人深亲信我，我倍之不祥，虽死不易，幸为信谢项王。"

武涉走后，齐国人蒯通接着来劝韩信。他知道"天下权在韩信，欲为奇策而感动之，以相人说韩信"。他对韩信说："相君之面，不过封侯，又危不安。相君之背，贵乃不可言。"他进一步解释说："……当今两主之命，悬于足下，足下为汉，则汉胜，与楚，则楚胜，臣愿披腹心输肝胆，效愚计，恐足下不能用也。诚能听臣之计，莫若两利而俱存之。参分天下，鼎足而居，其势莫敢先动。夫以足下之贤圣，有甲兵之众，据强齐，从燕、赵，出空虚之地，而制其后，因民之欲西乡，为百姓请命，则天下风走而响应矣。孰敢不听！……天与弗取，反受其咎；时至不行，反受其殃，愿足下熟虑之。"韩信还是不忍背弃刘邦对自己的情义，不愿意背叛刘邦。他说："汉王遇我甚厚，载我以其车，衣我以其衣，食我以其食。吾闻之，乘人之车者，载人之患，衣人之衣者，怀人之忧，食人之食者，死人之事。吾岂可以乡利倍义乎？"

蒯通又用越王勾践杀害功臣文种的事来作说明，并说："……且臣闻，勇略震主者身危，而功盖天下者不赏。臣请言大王功略：足下涉西河虏魏王，禽夏说，引兵下井陉，诛成安君，徇赵、协燕、定齐，南摧楚人之兵二十万，东杀龙且，西乡以报，此所谓功无二于天下，而略不世出者也。今足下戴震主之威，挟不赏之功，归楚，楚人不信，归汉，汉人震恐，足下欲恃是安归乎？夫势在人臣之位，而有震主之威，名高天下，窃为足下危之。"韩信拒绝蒯通说："先生你不要说了，我会记住你的话的。"过了几天，蒯通又来劝说韩信要当机立断，韩信"犹豫不忍倍汉，又自以为功多，汉终不夺我齐"[11]，最终还是拒绝了蒯通。不久，韩信与刘邦在垓下（今安徽灵璧）会师，消灭了项羽，取得了楚汉战争的最后胜利。

陈平（？～公元前178），阳武县户牖乡（今河南原阳东南）

人。年轻时家里贫穷，喜欢读书，学黄老之术。乡里举行社祭，陈平主宰，祭肉分得很公平。父老们都称赞说："陈家的年轻人主宰得好！"陈平叹息说："如果让陈平主宰天下，也会像分肉一样公平。"天下纷纷起兵反秦，陈平跟随魏王咎，魏王咎不采纳他的建议，陈平便逃离魏王咎，投奔项羽。项羽也不信任他，陈平怕被项羽诛杀，便投降汉王刘邦的队伍。陈平通过魏无知，见到了刘邦，经过一席谈话，终于取得刘邦的信任。

很多将领都不服气，在刘邦面前指责陈平盗嫂受金，说他事魏、楚不容而归汉。"汉王召让陈平曰：'先生事魏不中，遂事楚而去，今又从吾游，信者固多心乎？'平曰：'臣事魏王，魏王不能用臣说，故去；事项王，项王不能信人，其所任爱，非诸项即妻之昆弟，虽有奇士不能用，平乃去楚。闻汉王之能用人，故归大王。臣裸身来，不受金，无以为资。诚臣计划有可采者，大王用之，使无可用者，金具在，请封输官，得请骸骨。'汉王乃谢，厚赐，拜为护军中尉，尽护诸将，诸将乃不敢复言。"[12]

楚军将汉王刘邦围困在荥阳城，断绝了汉军运输粮草的通道。陈平献反间计，离间项羽君臣，使之从内部自相残杀。汉王刘邦同意了陈平的建议，拿出四万斤黄金，交给陈平，让陈平随意使用，不加过问。陈平用大量黄金在楚军中进行离间活动，项羽果然对他手下的将领们产生了怀疑。项羽的主要谋士范增，就是因为离间计而离开项羽的。这样一来，楚军对汉军的围困放松了，陈平才与刘邦乘机逃出荥阳城，回到关中。

刘邦当了皇帝，分封功臣时，封陈平为户牖侯，世代相传。陈平辞谢说："这不是臣的功劳。"刘邦说："我用了先生的计策，克敌制胜，这不是功劳是什么？"陈平说："要不是魏无知的推荐，臣哪里能向陛下进言献计？"刘邦说："像你这样可以说是不忘本了。"于是又赏赐了魏无知。

朱元璋与开国英豪的同舟共济

明太祖朱元璋（1328～1398），是明朝的开国皇帝。朱元璋少年出家为僧，后来投奔到起义军首领郭子兴部下。郭子兴死后，其部众由朱元璋率领。朱元璋广泛搜罗人才，合并各地武装，他的队伍逐步发展壮大起来。元末各地起义风起云涌，在经过一个时期的混战后，许多起义军首领都成了新兴的封建割据势力的首脑。消灭各地的割据势力，统一天下，建立新的封建王朝，是历史发展的需要。与朱元璋一同奋战、打江山的著名功臣，有李善长、刘基、徐达、宋濂等等。

李善长（1314～1390），字百室，定远（今安徽定远县）人。在朱元璋打天下的过程中，李善长为朱元璋出谋划策，调运军饷，其功劳可以同汉高祖刘邦的丞相萧何相比。至正十四年（1354），朱元璋进攻滁州，李善长迎谒，随同朱元璋攻打滁州，"为参谋，预机划，主馈饷"。打下滁州后，朱元璋威名日盛，很多人来投奔他，"善长察其材，言之太祖，复为太祖布钦诚，使皆得自安。有以事力相龃龉者，委曲为调护"[13]。郭子兴听信谗言，怀疑朱元璋，日渐削夺他的兵权，还想让李善长辅佐自己，李善长坚决推辞了。为此，朱元璋很倚重他。朱元璋驻军和阳时，自己率兵去攻打鸡笼山寨，只留下一小部分兵力给李善长。元军乘机袭击和阳，李善长设下埋伏，打败了元军。

朱元璋成了吴王后，拜李善长为右相国。李善长"明习故事，裁决如流，又娴于辞命。太祖有所招纳，辄令为书。前后自将征讨，皆命居守，将吏帖服，居民安堵。转调兵饷无乏。尝请榷两淮盐，立茶法，皆斟酌元制，去其弊政，既复制钱法，开铁冶，定渔税，国用益饶，而民不困"[14]。朱元璋当了皇帝后，"追帝祖考及册立后妃太子诸王，皆以善长充大礼使，置东宫官属，以善长兼太子少师，授银青荣禄大夫，上柱国，录军国重事，余如故。已，帅礼官定郊社宗庙礼。帝幸汴梁，善长留守，一切听便宜行事。……事无巨细，悉委善长，与诸儒臣谋议行之"[15]。洪武三年（1370），朱元璋大封功臣，朱元璋对众臣说："善长虽无汗马功劳，然事朕久，给军食，功甚大，宜进封大国。"[16]于是，授李善长开国辅运推诚守正文臣，特进光禄大夫、左柱国、太师、中书左丞相，封韩国公，岁禄四千石，子孙世袭。给予铁券，免二死，子免一死。居当时封公的六人之首。

徐达（1332～1385），字天德，濠州（今安徽凤阳）人，明朝的开国大将。徐达二十二岁时跟随朱元璋起兵，九次佩大将军印，立功盖世。元至正十五年（1355），徐达随朱元璋攻占和州，郭子兴扣留了孙德崖，孙德崖的部下也扣留了朱元璋，徐达"挺身诣德崖军，请代，太祖乃得归，达亦获免"[17]。在渡江攻取采石和太平的战斗中，徐达总是冲在最前边。至正二十四年（1364），朱元璋称吴王，任命徐达为左相国。二十五年任大将，率军进攻张士诚，平定了淮东和浙西。至正二十七年在围攻平江的战斗中，徐达派使者向朱元璋请示攻城之事。朱元璋写敕书慰劳他说："将军谋勇绝伦，故能遏乱略，削群雄，今事必禀命，此将军之忠，吾其嘉之，然将在外，君不御，军中缓急，将军其便宜行之，吾不中制。"不久，平江被攻克，张士诚的东吴政权灭亡了。朱元璋加封徐达为信国公。当年十一月，拜徐达为征虏大将军，与副帅常遇春率步骑二十五万北上进取中原。临行前，朱元璋亲自到龙江边祭祀神灵，并对诸将说："御军持重有纪律，战胜攻取，得为将之体者，莫如大将军达。"经过一年的激战，至正二十八年（1368）九月，徐达率领明朝军队攻入大都，灭亡了元朝。明朝建立后，徐达又多次进军漠北，与"北元"军队作战，稳定了北部边疆。

徐达为人"言简虑精，在军，令出不二，诸将奉持凛凛，而帝前恭谨如不能言"。朱元璋曾经称赞他说："受命而出，成功而旋，不矜不伐，妇女无所爱，财宝无所取，中正无疵，昭明乎日月，大将军一人而已。"由于徐达战功卓著，朱元璋对徐达很优待，徐达"每岁春出，冬暮召还，以为常。还辄上将印赐休沐，宴见欢饮，有布衣兄弟称，而达愈恭慎。帝尝从容言曰：'徐兄功大，未有宁居，可赐以旧邸。'旧邸者，太祖为吴王时所居也。达固辞。一日，帝与达之邸，强饮之醉，而蒙之被，舁卧正寝。达醒，惊趋下阶，俯伏呼死罪。帝睨之，大悦，乃命有司即旧邸前治甲第，表其坊曰：'大功'"。

刘基（1311～1375），字伯温，青田人。刘基"博通经史，于书无不窥，尤精象纬之学"。在当时，被认为是"诸葛孔明俦也"[18]。为躲避战乱，隐居在家乡。朱元璋攻下金华后，听说刘基、宋濂等人的贤名，便具礼聘请他们出山辅佐自己，刘基没有答应，再次请，刘基才出山。刘基向朱元璋献先破陈友谅后灭张士诚、然后北向中原以图王业之策。当时陈友谅军势盛大，攻陷太平，准备东下，朱元璋手下诸将领有的主张投降，有的主张逃到钟山去，而刘基"张目不言。太祖召入内，基奋曰：'主降及奔者可斩也！……贼骄矣，待其深入，伏兵邀取之，易耳。天道后举者胜，取威制敌，以成王业，在此举矣。'太祖用其策，诱友谅至，大破之"。陈友谅攻占安庆，朱元璋自己带兵去攻打，从早打到晚，攻不下来。"基请径趋江州，捣友谅巢穴，遂悉军西上，友谅出不意，帅妻子奔武昌，江州降。"在同陈友谅鄱阳湖决战中，朱元璋亲乘战船督战，"基侍侧。忽跃起大呼，趣太祖更舟，太祖仓卒徙别舸，坐未定，飞炮击旧所御舟立碎"。

至正二十三年（1363）八月，朱元璋灭陈友谅，然后"取士诚，北伐中原，遂成帝业，略如基谋"。建立明朝后，朱元璋"大封功臣，授基开国翊运守正文臣，资善大夫，上护军，封诚意伯。禄二百四十石"。刘基为人"性刚嫉恶，与物多忤"。朱元璋经常与他密议政事，刘基"论天下安危，义形于色。帝察其至诚，任以心膂。每召基，辄屏人密语移时，基亦自谓不世遇，知无不言。遇急难，勇气奋发，计划立定，人莫能测。暇则敷陈王道，帝每恭己以听，常呼为老先生而不名，曰：'吾子房也。'"

宋濂（1310～1381），字景濂，浦江人。宋濂是一个文臣，明代礼仪的制作，大多由他裁定，因而他被推为明朝"开国文臣之首"。宋濂以自己渊博的学识，以古论今，为朱元璋建立帝业，提了许多建议。一次，朱元璋请宋濂讲《春秋》《左传》，宋濂说："《春秋》乃孔子褒善贬恶之书，苟能遵行，则赏罚适中，天下可定也。"他还对朱元璋说："得天下以人心为本，人心不固，虽金帛充牣，将焉用之？"有一年，天多次降下甘露，朱元璋向宋濂问灾祥之故，对曰："受命不于天，于其人；休符不于祥，于其仁。《春秋》书异不书祥，为是故也。"

宋濂"自少至老，未尝一日去书卷。于学无所不通，为文醇深演迤，与古作者并。在朝郊社宗庙山川百神之典，朝会宴享，律历衣冠之制，四裔贡赋，赏劳之仪，旁及元勋、巨卿碑记刻石之辞，咸以委濂"。为此，朱元璋对宋濂优礼待之，"每燕见必设坐命茶，每旦必令侍膳"，"又尝调甘露于汤，手酌以饮濂，曰：'此能愈疾延年，愿与卿共之。'又诏太子赐濂良马，复为制《白马歌》一章，亦命侍臣和焉。其宠待如此"。洪武十年（1377），宋濂承旨致仕，朱元璋赏赐给他"《御制文集》及绮帛，问濂年几何，曰：'六十有八。'帝乃曰：'藏此绮三十二年，作百岁衣可也。'"[19]

朱升（1299～1370），字允升，休宁人。至正四年（1344），朱升登乡贡进士第二名。八年，任池州路学正。十二年，"秩满南归"，在家乡石门山隐居。至正十七年（1357），朱元璋"率诸将亲征浙东道徽州"，亲自登门去拜访朱升。朱升向他献上著名的三策，"丁酉（1357），天兵下徽，上素闻升名，潜就访之，升因进三策曰：'高筑墙，广积粮，缓称王。'上大悦。命预帷幄密议，所居梅花初月楼，上亲莅宸翰赐焉"。朱升加入朱元璋的军队后，立下了卓越的战功。朱元璋进攻徽州时，元军福童八元帅等在徽州"练兵完城，坚守拒命"。朱升独自一人去城下说降，他说："江南行省平章吴国公，智量英武，一代真主也。将军可早为善后之计，全万民之命。"福童等人素服升有先见，遂开城出降。

至正十八年（1358）十一月，金华"久拒不下"，朱升建议朱元璋亲自前往指挥。朱元璋"因问兵要"，朱升说："杀降不祥，惟不嗜杀人者天下无敌。五七年为政于天下，乃成数也。"朱元璋采纳了他的建议，十二月攻下了金华。打下金华后，朱升向朱元璋推荐了"浙东四贤"中的刘基、叶琛、章溢三人。他们的加入，对朱元璋事业的发展，起了重大的作用。至正二十三年（1363）七月，朱元璋同陈友谅在鄱阳湖激战三十六天，朱元璋在箭雨中亲"坐胡床指挥"。朱升见了，连忙将朱元璋"捧进船舱，而贼发流矢，已中胡床板矣"。

朱升不仅有武功，而且有文治。"升于明兴之初，参赞帷幄，兼知制诰，一切典制，多出其手，与陶安、宋濂等名望相埒。"朱元璋登基当了皇帝，朱升等人为他制定礼仪，还专门为朱元璋制定祭祀、斋戒礼，写了《斋戒文》，编纂《女诫》，为朱元璋写了封赏李善长、徐达、常遇春等人的诰书。[20]

坐江山后的剪除政敌

刘邦诛戮功臣

楚汉战争中，刘邦为了争取和团结反项羽的力量，不得不分封了一批异姓王。这些人不但有广大的领地，而且握有重兵，他们并不十分听从刘邦指挥。项羽未败时，刘邦极力拉拢和迁就他们。项羽被消灭后，刘邦认为这些异姓王是对刘姓皇权的一个很大威胁，就不能再容忍他们的存在了。

楚王韩信便是刘邦第一个要除掉的。早在楚汉战争最紧要的时刻，韩信曾经逼刘邦封他为齐王。楚汉战争一结束，刘邦就夺了韩信的兵权，移封他为楚王。韩信初到楚地，巡行所辖县邑，出入陈列兵仗。有人据此告发韩信想谋反，刘邦采用陈平伪游云梦之计，以会诸侯于陈（今河南淮阳）为名，召韩信前来朝会。韩信知道刘邦不相信自己，但自己又没有罪，便去见刘邦。"高祖令武士缚信，载后车。信曰：'果若人言，狡兔死，良狗烹！'上曰：'人告公反。'遂械信至洛阳，赦以为淮阴侯。"[21]韩信明白刘邦害怕自己的才能，称病不上朝，"由此日怨望，居常鞅鞅"。汉高祖十年（前197），陈豨造反，刘邦领兵去讨伐，韩信没有随征。这时有人报告吕后，说韩信要造反。吕后便与相国萧何定计，"诈令人从帝所来，称豨已破，群臣皆贺。相国给信曰：'虽病，强入贺。'信入，吕后使武士缚信斩之长乐钟室。信方斩，曰：'吾悔不用蒯通计，反为女子所诈，岂非天哉！'遂夷信三族"。刘邦破陈豨回来，听说韩信已经被杀，非常高兴。

梁王彭越（？～公元前196），字仲。先跟随项羽，后来率兵投奔刘邦，攻略梁地，多建奇功，封梁王。刘邦出兵讨伐陈豨时，命令彭越出兵同行，彭越称病不去，受到刘邦指责。部将扈辄劝彭越造反，彭越没有听从。梁国太仆犯了罪，逃到刘邦那里报告说梁王要叛乱，"于是上使使掩捕梁王，囚之洛阳，有司治，反形已具"[22]。刘邦贬彭越为庶人，流放西蜀青衣。彭越走到郑地时，遇到吕后从长安前往洛阳，便向吕后哭诉，表示愿意回家乡昌邑去。吕后假意答应，带着彭越回到洛阳。吕后对刘邦说："彭越，壮士也。今徙之蜀，此自遗患，不如遂诛之，妾谨与俱来。"[23]于是，吕后指示舍人告发彭越又要谋反，于是杀了彭越的三族。

淮南王英布（？～公元前196），原来是项羽手下的一员猛将，英勇善战，后来被谋士随何说动归汉，辅佐刘邦定天下，封淮南王。汉高祖十一年（前196）正月，韩信被杀，英布心里很恐惧。夏季，彭越又被杀，刘邦还把彭越煮成肉酱，遍赐诸侯。英布"见醢，因大恐"，悄悄命令部下集结军队，以防刘邦来收捕他。正在这时，英布怀疑中大夫贲赫与家姬私通，准备抓他，贲赫就逃到长安，上书告发英布谋反。刘邦"以其书语萧相国，萧相国曰：'布不宜有此，恐仇怨妄诬之。'"[24]英布发现贲赫逃走，知道刘邦定会相信他的话，便杀了贲赫的全家，发兵造反。刘邦亲自带兵出征。汉高祖十二年（公元前195）初，英布战败，逃到番阳被乡民所杀。

在此前后，刘邦又分别消灭了赵王张敖、韩王信、燕王臧荼以及臧荼被杀后继封的燕王卢绾。

朱元璋炮打功臣楼

赵翼在《廿二史札记》中谈到朱元璋杀害功臣时说："明祖借诸功臣以取天下，及天下既定，即尽举取天下之人而尽杀之，其残忍实千古所未有。"自洪武十三年（1380）至二十六年（1393）的十几年中，朱元璋制造了胡惟庸（？～1380）、蓝玉（？～1393）两个党狱，功臣几乎被诛杀一空。

洪武十三年，胡惟庸案发。胡惟庸，凤阳定远人，是最早跟随朱元璋的文臣之一。洪武三年（1370）任参政知事，洪武六年升为中书省右丞相。胡惟庸当了丞相后，"专生杀黜陟，以恣威福，内外诸司封事入奏，惟庸先取视之"[25]。大将军徐达、诚意伯刘基都曾经提醒过朱元璋，说胡惟庸不适合当丞相。刘基越过中书省直接向皇帝奏事，为此，胡惟庸深恨刘基。不久，刘基患病，胡惟庸"觇上念基急，乃阳为好者，以正月朔挟医来视疾。基饮之，觉有物积胸中，如拳石"。刘基找机会将这件事报告给朱元璋，朱元璋不加理睬。过了三个月，刘基病重，朱元璋才派人去探视，知道刘基的病不会好了，便派驿船护送他回乡。回乡不久，刘基就去世了。因此，钱谦益说："胡惟庸之毒诚意也，奉上命挟医而往。"

胡惟庸权势日盛，朱元璋对他很不放心。洪武十二年（1379）十二月，中丞涂节告发说刘基是被胡惟庸毒死的，朱元璋追究起刘基的死状。胡惟庸背后议论说："主上草菅勋旧臣，何有我？"这件事过后不到一个月，即洪武十三年正月，朱元璋即以谋反罪杀了胡惟庸。据载："正月戊戌，惟庸因诡言第中井出醴泉，邀帝临幸，帝许之。驾出西华门，内使云奇冲跸道，勒马衔言状，气方勃，舌駃不能达意，太祖怒其不敬，左右挝捶乱下，云奇右臂将折，垂毙，犹指贼臣第，弗为痛缩。上悟，乃登城望其第，藏兵复壁间，刀槊林立，即发羽林掩捕，考掠具状，磔于市。"但《国史考异》却说："云奇之事，国史野史一无可考。……凿空说鬼，有识者所不道。"

胡惟庸案涉及面本来不大，同诛者不过陈宁、涂节数人，"致胡党之狱，则在二十三年，距惟庸死时已十余年"。李善长、宋濂等都受到了牵连。太仆寺丞李存义是李善长的弟弟，他的儿子娶胡惟庸的女儿为妻，因此被定为胡党。朱元璋看在李善长的面子上，没有治李存义大罪。可是李善长却没有去谢恩，朱元璋非常恼火。洪武二十三年（1390），李善长的家奴卢仲谦等人"亦告善长与胡惟庸通赂遗交私语"[26]。于是李善长的罪名成立了：身为元勋国戚，知逆谋而不揭发，犹豫观望，心怀两端，大逆不道。正巧这时有人说星变，占卜应当杀大臣应灾。朱元璋便利用这个机会杀了当时已经七十七岁高龄的李善长及其妻女弟侄一千二百七十余人。

位居文臣之首的宋濂也未能逃过厄运。尽管宋濂为人一向诚实谨慎，朱元璋也不相信他。一次，宋濂"与客饮，帝密使人侦视。翌日，问濂：'昨饮酒否？坐客为谁，馔何物？'濂具以实对。笑曰：'诚然，卿不朕欺。'"[27]胡惟庸被杀时，宋濂已经退休还乡好几年了，他的孙子宋慎牵连进胡党案中被杀，并被抄家。朱元璋下令逮捕宋濂，戴着镣铐押解进京，"上怒，欲诛之。皇后谏曰：'民间延一师，尚始终不忘恭敬。宋先生亲教太子诸王，岂忍杀之？且宋先生家居，宁知朝廷事耶？'上意解。濂得发茂州安置，行至夔州，以疾卒"。

胡惟庸党狱"族诛至三万余人"[28]。朱元璋还特意写了诏书，罗列胡党的罪状，并附着判决书，编成《昭示奸党三录》，布告天下。

胡惟庸党狱之后，朱元璋还不放过剩下的功臣。"胡党既诛，犹以为未尽，则二十六年又兴蓝党之狱，于是诸功臣宿将始尽。"[29]蓝玉，"开平王常遇春妇弟也。长身赪面，有勇略，从遇春麾下，每战先登陷阵，所当无前"[30]。洪武十二年封为永昌侯。朱元璋很器重他，有重大战事，往往派他出征。他曾经征云南，征漠北，战功显赫。蓝玉功高位显，未免轻狂失礼，遂以"粗暴取祸"。再加之胡党案内被杀的叶昇，与蓝玉是姻亲，因而有人报告说蓝玉参与了胡惟庸谋反。洪武二十六年（1393），锦衣卫指挥蒋瓛告发蓝玉谋逆，蓝玉入狱被杀。蓝玉党狱株连甚广，"功臣文武大吏，以至偏裨将卒，坐党论死者，可二万人，蔓衍过于胡惟庸"。之后，朱元璋颁发了《逆党录》，其中有国公一人，列侯十三人，伯二人，都督十余人，主要是功臣。洪武年间封侯五十人左右，胡、蓝两个党狱就除掉了三十多人。

死于其他原因的功臣文武官员也很多。"茹太素以抗直不屈死，李仕鲁以谏帝惑僧言，命武士捽死于阶下，王朴、张衡俱以言事死……文臣亦多冤死。"战功卓著的武将冯胜、傅友德、徐达也是被朱元璋害死的。

冯胜（？～1395），"雄勇多智""喜读书，通兵法"，与朱元璋"亲同骨肉，十余年间除肘腋之患，建爪牙之功，平定中原，佐成混一"，只因为"数以细故失帝意"，于洪武二十八年（1395）"赐死"[31]。

傅友德（？～1394）跟随朱元璋"身冒百死，自偏裨至大将，每战必先士卒，虽被创，战益力"，在征西蜀时"功为第一"。因傅友德于洪武二十五年（1392）"请怀远田千亩，帝不悦"，于洪武二十七年（1314）"赐死"。

徐达功高位显，死得较早。朱元璋不放心诸功臣，经常微行查访他们。"太祖喜微行，每至徐太傅家。一日，太傅病笃，帝忽至，太傅自枕蓐下出一剑，以示帝曰：'戒之！戒之！若他人，得以偻汝也。'自后诸功臣家不一至矣。"徐达生背疽，"疾笃，帝数往视之，大集医徒，治疗且久。病少差，帝忽赐膳，魏公对使者流涕而食之，密令医人逃去。未几，告薨"[32]。吴晗在《朱元璋传》中说："徐达为开国功臣第一。洪武十八年生背疽，据说这病最忌吃蒸鹅，病重时元璋却特赐蒸鹅，徐达流泪当着使臣的面吃下，不多日就死了。"

政局变化与君臣交谊

李世民与魏征有始无终

　　魏征（580～643），字玄成，魏州曲城（今属山东）人。"少孤落魄，弃赀产不营，有大志，通贯书术。"隋朝末年，天下大乱，魏征投瓦岗军，后投唐，在太子李建成东宫任洗马。玄武门之变后，有人向秦王李世民告发魏征，说他曾劝李建成杀害秦王。李世民立刻派人找来魏征，"责问曰：'尔阅吾兄弟，奈何？'答曰：'太子早从征言，不死今日之祸。'王器其直，无恨意"[33]。李世民即位，即唐太宗，拜魏征为谏议大夫。

　　当时，有很多原来追随太子李建成和齐王李元吉的人都心怀不安，企图聚众作乱。魏征道："白太宗曰：'不示至公，祸不可解。'帝曰：'尔行，安喻河北。'道遇太子千牛李志安、齐王护军李思行传送京师，征与其副谋曰：'属有诏，官府旧人，普原之，今复执送志安等，谁不自疑者？吾属虽往，人不信。'即贷，而后闻。使还，帝悦。日益亲，或引至卧内访天下事，征亦自以不世遇，乃展尽底蕴，无所隐。凡二百余奏，无不剀切当帝心者。"因此被提升为尚书右丞，兼谏议大夫。

　　唐太宗左右有人诬告魏征与亲戚结党，经派人审查，并无此事。魏征见太宗"谢曰：'臣闻君臣同心，是谓一体，岂有置至公事形迹，若上下共由兹路，邦之兴丧，未可知也。'帝矍然曰：'吾悟之矣！'"

　　郑仁基的女儿美丽而有才华，皇后建议请为充华，册封的事已经准备妥善。有人说郑女已经受过聘礼。魏征谏曰："陛下处台榭，则欲民有栋宇；食膏粱，则欲民有饱适；顾嫔御，则欲民有室家。今郑已约婚，陛下取之，岂为人父母意！"唐太宗痛加自责，下诏停止册封。

贞观七年（633），唐太宗封魏征为侍中，令魏征去处理尚书省未了结的积案。魏征处理合乎情理，人人佩服，升左光禄大夫，封郑国公。魏征因身体多病，请求辞职，被唐太宗婉言拒绝。魏征又多次恳请，都没有准许，拜特进，知门下省事，下诏有关朝章国典，参议得失、禄赐、国官、防阁并为门下省职事。

有一天，唐太宗"宴群臣。帝曰：'贞观以前，从我定天下，间关草昧，玄龄功也；贞观之后，纳忠谏正朕违，为国家长利，征而已，虽古名臣，亦何以加？'亲解佩刀，以赐二人"。唐太宗"尝问群臣：'征与诸葛亮孰贤？'岑文本曰：'亮才兼将相，非征可比。'帝曰：'征蹈履仁义，以弼朕躬，欲致之尧舜，虽亮无以抗"。贞观十七年（643），魏征病重。魏征家起初没有正房，唐太宗命令停止修建小殿，为魏征营造正房，五天竣工，并尊重魏征的作风，赏赐他朴素的布料被褥。令中郎将在魏征家值宿，随时报告病情的变化，赏赐很多药品和食物，使者不绝于道。唐太宗亲自去探视，屏退左右，谈了一整天才回宫。后来，唐太宗又带着太子到魏征家，魏征身穿朝服迎接，唐太宗流着泪，问他有什么要求，魏征"对曰：'嫠不恤纬，而忧宗周之亡。'帝将以衡山公主降其子叔玉，时主亦从，帝曰：'公强视新妇。'征不能谢"。这天晚上，唐太宗梦见了魏征，像平时一样。天亮时，魏征去世了。唐太宗亲临魏征家痛哭，罢朝五天，下诏内外百官早朝集会都去吊唁。追赠魏征为司空，相州都督，谥"文贞"。唐太宗还亲自撰文，书石立碑。

后来，唐太宗"临朝叹曰：'以铜为鉴，可正衣冠；以古为鉴，可知兴替；以人为鉴，可明得失。朕尝保此三鉴，内防己过，今魏征逝，一鉴亡矣。'"

魏征去世后，唐太宗思念不已，登凌烟阁观看画像，赋诗痛悼。但后来有人嫉妒，百般造谣中伤，唐太宗便相信了谣言，"帝滋不悦，乃停叔玉昏，而仆所为碑，顾其家衰矣"。

宋高宗与岳飞

靖康二年（1127）四月，金兵把宋钦宗（1100～1156）父子连同后妃、宗室、朝官等三千多人俘虏北去，北宋王朝覆灭。五月初一，康王赵构（1107～1187）在南京应天府（今河南商丘）登上帝位，即宋高宗，开始了对剩下的半壁江山的统治，史称南宋。

怯懦的宋高宗赵构内心既主张屈膝投降，但又想坐稳自己的皇帝宝座，一直在对金提出的投降条件进行讨价还价。实行了一条假抵抗、真投降的决策。因此，赵构将几支有战斗力的抗金军队，当成了他维护个人权位、待时降金的砝码。在投降条件还不成熟的情况下，几个主战将领对他还是有用处的。

岳飞（1103～1142），字鹏举，相州汤阴（今属河南）人，是中华民族著名的民族英雄，也是南宋抗金将领中最杰出的一位。他出身农家，少年时练习武艺，喜读《左氏春秋》《孙子兵法》。宣和四年（1122）从军，几度出入营伍，在多次战斗中，显示了他勇敢善战、胸多谋略的军事才能，后隶宗泽部下。赵构即位的当月，就派太常卿周望去河北向金求和，接着又不断地派人使金求和。在金兵步步追逼下，赵构逃离应天府，一步步南逃避敌，并且杀害反对他南逃的人。岳飞上书数千言，反对南逃，被赵构以"越职"的罪名革职。

建炎三年（1129），金兀术率领大队金兵进攻南宋小朝廷所在地杭州，宋高宗率领文武大臣落荒而逃，坐船逃到海上，南宋朝廷一片混乱。

在极度困难的情况下，岳飞自动率领万余岳家军抗金，连续打

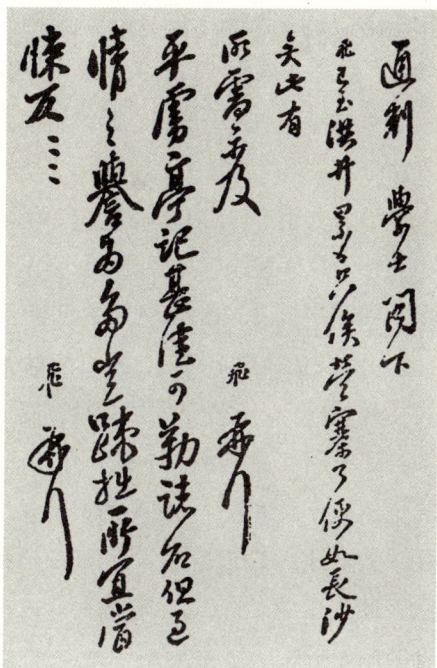

岳飞手迹

了四个胜仗，一直将敌人追击到淮西，收复了建康城（今江苏南京）。之后，岳飞上奏宋高宗说："建康为要害之地，宜选兵固守，仍益兵守淮，拱护腹心。"[34]宋高宗称赞并采用了他的建议。这次战役后，岳飞由一名默默无闻的"偏裨"将领，一跃而成为朝廷寄予重任的大将。

绍兴三年（1133）秋，岳飞第一次觐见宋高宗，"帝手书'精忠岳飞'字，制旗以赐之，授镇南军承宣使、江南西路沿江制置使，又改神武后军都统制，仍制置使"。负责荆、鄂一带的防务。在此之后，岳飞几次出兵，收复了被伪齐占领的襄阳、郢（今湖北钟祥）、隋（今湖北随州）、唐（今河南唐州）、邓（今河南邓州）、信阳等州县，这是南宋第一次收复湖北、河南的大片失地。宋高宗听说岳飞作战的情形，"喜曰：'朕素闻岳飞行军有纪律，未知能破敌如此！'"绍兴五年（1135），"岳飞入觐，封母国夫人，授飞镇宁崇信军节度使，湖北路荆襄、潭州制置使，进封武昌郡开国侯，又除荆湖南北襄阳路制置使，神武后军都统制"。

绍兴七年（1137），宋高宗授岳飞"太尉，继除宣抚使，兼营田大使，从幸建康。以王德、郦琼兵隶飞。诏谕德等曰：'听飞号令，如朕亲行。'"这年，"飞数见帝，论恢复之略"，"又手疏言：'金人所以立刘豫于江南，盖欲荼毒中原，以中国攻中国，粘罕因得休兵观衅。臣欲陛下假臣日月，便则提兵趋京洛，据河阳陕府潼关，以号召五路判将……彼必弃汴而走河北，京畿陕右，可以尽复，然后分兵濬滑，经略两河，如此，则刘豫成擒，金人可灭，社稷长久之计，实在此举。'帝答曰：'有臣如此，顾复何忧？进止之机，朕不中制。'又召至寝阁，命之曰：'中兴之事，一以委卿。'命节制光州"。

绍兴七年至八年间，金统治者军事上连连失利，其统治集团内部派系斗争更为激烈，政局不稳，他们扶立的伪齐皇帝也因侵宋屡次失败而遭贬黜。在此情况下，金人只得加紧对南宋的诱降活动，宋高宗再次命汉奸秦桧为相，于绍兴九年签订了和约。

绍兴十年，金统治者撕毁和约，分兵四路，大举进攻河南各地。拱、亳州告急，朝廷命岳飞迅速救援。岳飞派张宪、姚政领兵前往，宋高宗赐手札说："设施之方，一以委卿，朕不遥度。"岳飞分兵几路北上迎敌，自己亲自领兵长驱直入中原。临出发时，密奏宋高宗说："先正国本以安人心，然后不常厥居，以示无忘复仇之意。"帝得奏，大褒其忠，授少保，河南府路陕西河东北路招讨使，寻改河南北诸路招讨使。不久，岳飞所遣诸将相继奏捷。当年七月，岳家军向开封进军，准备占领开封。宋高宗眼看偏安政权已能保住，与金重新议和已有可能，再打下去不仅会惹怒金人，而且还会使岳飞功高权重，有震主之威。因此，宋高宗和秦桧在一天之中连下十二道金字牌，命令岳飞班师南回。岳飞"愤惋泣下，东向再拜曰：'十年之力，废于一旦！'"岳飞班师，百姓们在他的马前痛哭，岳飞"亦悲泣，取诏示之曰：'吾不得擅留。'"

在抗金的三大将领中，岳飞一直反对议和，战功也最为显赫，宋高宗和秦桧（1090～1155）认为"飞不死，终梗和议，己必及祸"。因此，在解除了三大将领的兵权后，宋高宗就与秦桧合谋杀害岳飞，他们"以谏议大夫万俟卨与飞有怨，讽卨劾飞，又讽中丞何铸、侍御史罗汝楫，交章弹劾"，"又谕张俊，令劫王贵、诱王俊诬告张宪，谋还飞兵"，将岳飞、岳云、张宪逮捕下狱。绍兴十一年（1141）十一月，宋金签订了屈辱的《绍兴和议》，南宋向金称臣。没过几天，宋高宗于"十二月癸巳，赐岳飞死于大理寺，斩其子云及宪于市"（《宋史·高宗纪》），"籍家赀，徙家岭南"。杀害岳飞的罪名，是谋反，证据则是"莫须有"。表面上的凶手是秦桧，但凶手背后则是赵构的黑手，故明朝才子文征明有词谓："……千载休谈南渡错，当时自怕中原复。笑区区一桧亦何能，逢其欲！"

天启皇帝、崇祯皇帝与客氏、魏忠贤

魏忠贤是天启朝的大宦官，客氏是天启皇帝的乳母。

魏忠贤（1568～1627），"肃宁（今河北肃宁县）人。少与群恶少博，少胜，为所苦，恚而自宫，变姓名曰'李进忠'，其后乃复姓，赐名忠贤云"[35]。魏忠贤于万历十七年（1589）进宫，管过甲字库，结识了太监魏朝。通过贿赂和魏朝的引荐，得到了为尚未登基的朱由校的生母王才人操办膳食的美差。当时，朱由校是明神宗的长孙、皇太子朱常洛的长子。魏忠贤很会分析形势，认为朱由校将来定会继承皇位，侍候他必然有好处，因此就尽力讨好朱由校，同时也不忘讨好他的引荐人魏朝，又通过魏朝结识了客氏。客氏，定兴人，是朱由校的乳母。她水性杨花，为人放荡。进宫不久就和魏朝结为"对食"。客氏一见到魏忠贤，就立即把魏朝抛到一旁，同魏忠贤勾搭到一处。

泰昌元年（1620）九月，朱由校登基，即天启皇帝，"忠贤、客氏并有宠"。半个月后，天启皇帝即封客氏为"奉圣夫人"。不久，提升魏忠贤为司礼秉笔太监兼提督宝和三店。魏忠贤"不识字，例不当入司礼，以客氏故，得之"。客、魏二人又在天启皇帝朱由校的过问下，成了合法的"对食"。客、魏二人假传圣旨杀死了魏朝。天启三年（1623），魏忠贤提督东厂，得到监督控制朝廷内外官僚机构的大权。

"客氏淫而狠，忠贤不知书，颇强记，猜忍阴毒，好谀，帝深信任，此二人势益张。"客、魏二人不仅杀害、排斥朝廷中不肯依附他们的大臣，对宫内不肯屈服于他们的妃嫔也加以残酷的迫害。天启四年（1624），左副都御史杨涟上疏，罗列魏忠贤的二十四大罪状。魏忠贤惊恐万分，"趋帝前泣诉，且辞东厂，而客氏从旁为剖析……帝懵然不辨也，遂温谕留忠贤"。魏忠贤有恃无恐，于天启五年（1625）三月，伪造罪行，杀害了反对自己的杨涟、左光斗等"六君子"。

天启皇帝朱由校即位时只有十六岁，"性机巧，好亲斧锯髹漆之事，积岁不倦。每引绳削墨时，忠贤辈辄奏事，帝厌之，谬曰：'朕已悉矣，汝辈好为之。'忠贤以是恣威福惟己意"。

天启七年（1627）八月，天启皇帝病死，因为无子，他的弟弟信王朱由检继承皇位，即崇祯皇帝。朱由检未当皇帝时，就"素稔忠贤恶，深自戒备"。如今他才登帝位，朝廷内外又重新发起对魏忠贤的攻击。这年的十一月，崇祯皇帝就将魏忠贤发配到凤阳当净军，魏忠贤自知难逃一死，在阜城南关尤氏旅店上吊自杀。崇祯皇帝下令将他的尸体碎割，把头挂在河间府西门示众，抄没家产。客氏送到浣衣局鞭死，在净乐堂焚尸扬灰。

康熙、雍正对江宁织造曹家、李家的不同态度

清政府沿袭明制，在江宁（今南京市）、苏州、杭州三处各派织造官员一员，通称江南三织造，承办皇室及官署所需的缎纱细绫及纺丝布匹等织物。织造的品级尽管不高，但系钦差官员，可以专折奏事，故此具有特殊的地位。康熙年间，苏州织造李煦、江宁织造曹寅父子及杭州织造孙文成，构成了一个特权亲族集团。

李煦，清康、雍间人，满洲正白旗。其父李士祯，原来姓姜，清崇德八年（1643）过继给满洲正白旗佐领李西泉为子，遂改姓李。李氏是内务府包衣，即皇室奴仆。包衣的身份虽然很低，但因为接近皇室，有部分人就可以被皇帝派任要职，受到特殊宠信。李煦就是这样，他历官内阁中书、韶州知府、宁波知府、畅春园总管。康熙三十二年（1693）出任苏州织造，并先后八次兼任巡视两淮盐课巡察御史。康熙四十四年（1705）因预备康熙皇帝第五次南巡有功，议叙加衔为大理寺卿。

曹寅，字子清，号荔轩，别号楝亭等；满洲正白旗包衣，是《红楼梦》作者曹雪芹之祖父，能作诗写曲；历官銮仪卫治仪正、正白旗参领第三旗鼓佐领、内务府郎中，长期担任江宁织造；四次巡视两淮盐课，秉承康熙皇帝旨意，在江南广泛笼络汉族知识分子，经常"秘密奏闻"官场民情，深得康熙皇帝宠信。康熙皇帝六次南巡，四次以江宁织造衙门为行宫。曹寅是李煦的妹丈，他的母亲是康熙皇帝的乳母，因此康熙皇帝给予曹寅一家特殊的待遇，曹

寅死后，又让他的儿子们承袭江宁织造这一美缺。

杭州织造孙文成，是曹寅的母系亲戚。李煦、曹寅实际上都是康熙皇帝派驻在江南的耳目。康熙皇帝有一次在李煦的奏折上回批说："朕无可以托人打听，尔等受恩深重，但有所闻，可以亲手书折奏闻才好。此话断不可叫人知道。"[36]类似的话也曾经回批在曹寅的奏折上："凡奏折不可以令人写，但有风声，关系匪浅。"并一连叮嘱了四个"小心"。[37]

康熙五十一年（1712）七月，曹寅患病，李煦上奏。康熙皇帝不仅赐药，命"驿马星夜赶去"送药，[38]而且详细说明服药的方法。曹寅去世后第二年，康熙皇帝即任命曹颙继承父职，任江宁织造。康熙五十四年（1715）曹颙病故。为了不使曹家迁回北京，其变卖家产也难以填补亏空，康熙皇帝亲自主持将曹頫过继给曹颙之母，承袭江宁织造之职，并认可李煦直接参与曹家公私事物的处理。李煦遂成为曹寅的儿子曹颙、曹頫这两个江宁织造继任者的保护人。

身为织造而又轮管两淮盐务的曹、李两家，库帑亏空很大，除了与他们自家的挥霍、享受荣华富贵有关外，也与康熙皇帝的几次南巡有很大关系。因此康熙皇帝替他们想办法，让他们"补完""库帑亏空"，破格多次应李、曹的请求，放他们盐差，公开让他们补亏空。

康熙五十四年（1715）十二月初一日，尚书赵申乔等官员上奏说，江宁、苏州两处所欠织造银共计八十一万九千多两，而康熙皇帝替他们辩解说："曹寅、李煦用银之处甚多，朕知其中情由。"[39]李、曹二人"轮视两淮盐课，乃十年之久，未将织造衙门亏欠补苴"。康熙五十五年（1716）十月，康熙皇帝为此特派御史李陈常代补，使李、曹二人"性命身家，俱得保全"[40]。

　　李、曹两家因与后来成为雍正皇帝的胤禛的政敌们有过各种关系，雍正皇帝一即位，就拿他们开刀。雍正元年（1723），雍正皇帝以"李煦亏空官帑"为名，下令"将其家估计，抵偿欠银，并将其房屋赏给年羹尧"。[41]雍正五年（1727）二月，李煦又因"谄附阿其那（雍正之弟，康熙第十一子胤禩）"而被捕下狱，定为奸党，"发往打牲乌拉"[42]，不久就死在那里。雍正皇帝自即位，也一直在催逼曹頫补完亏空。到了雍正五年十二月，即李煦定罪的同年年底，雍正皇帝下令"着江南总督范时绎查封曹頫家产"，并将"曹頫所有田产房屋人口等项"赏给新任江宁织造隋赫德。[43]

第二节　天下安危系一身

明初三杨的交谊与明初政局[44]

明朝初年，出现了一段政局平和的时期，史家称之为"仁宣之治"。这与当时三位著名的大臣杨士奇、杨荣、杨溥的尽心辅佐国政是分不开的。

杨士奇、杨荣、杨溥，史称"三杨"。杨士奇（1365～1444），名寓，以字行，江西泰和人，少时家贫好学。建文初，被荐入翰林院，充编纂官。永乐初，改编修。不久，选入内阁，主管机务，后又历官侍讲、左中允、左谕德、翰林学士、左春坊大学士等职。明仁宗即位，升任礼部侍郎兼华盖殿大学士、少保、少傅等职。正统三年（1438）进少师，历仕成祖、仁宗、宣宗、英宗四朝，公正廉洁，处事慎重，善于识别和选拔人才。

杨荣（1371～1440），字勉仁，建安人。建文二年（1400）进士。明成祖初入京，杨荣"迎谒马首曰：'殿下先谒陵乎？先即位乎？'……自此遂受知"。后以战功赫赫升任侍讲，后历官右谕德、右庶子兼领尚宝事、文渊阁大学士兼学士。明仁宗即位，历官太常卿，太子少保，谨身殿大学士、少傅。英宗即位，与杨士奇共进少师。杨荣"历事四朝，谋而能断"，"性喜宾客，虽贵盛，无稍崖岸，士多归心焉。或谓荣处国家大事不愧唐姚崇，而不拘小节亦颇类之"。

杨溥（1372~1446），字弘济，石首人。与杨荣同年进士，授编修。永乐初，侍皇太子为洗马。在皇太子朱高炽与汉王朱高煦争夺帝位的斗争中，杨溥因站在皇太子一边而下狱，被关在锦衣卫狱中十年之久。在"帝意不可测，旦夕且死"的困境中，杨溥"益奋读书不辍，系十年，读经史诸子数周"。明仁宗朱高炽即位，才得释放。为了报答杨溥，明仁宗立即提升杨溥为翰林学士，"念溥由己故久困，尤怜之"。第二年，"建弘文阁于思善门左，选诸臣有学行者侍值"，命杨溥任主管。不久，升太常卿。明宣宗继位，召杨溥入内阁，与杨士奇、杨荣共典机务。杨溥为人"质直廉静，无城府，性恭谨。每入朝，循墙而走。诸大臣论事争可否，或至违言，溥平心处之，有雅操，皆人所不及"。

明宣宗时，"帝励精图治，士奇等同心辅佐，海内号为治平"，三杨之间也很注意团结。"阁中惟士奇、荣、溥三人。荣疏阔果毅，遇事敢为，数从成祖北征，能知边将贤否，厄塞险易远近、敌情顺逆。然颇通馈遗。边将岁时致良马，帝颇知之，以问士奇，士奇力言：'荣晓畅边务，臣所不及，不宜以小眚介意。'帝笑曰：'荣尝短卿及原吉，卿乃为之地耶？'士奇曰：'愿陛下以曲容臣者容荣。'帝意乃解。其后，语稍稍闻，荣以此愧士奇，相得甚欢。"

明宣宗死后，明英宗朱祁镇继位，当时英宗年方九岁，军国大政一律禀报皇太后，太后"推心任士奇、荣、溥三人，有事遣中使诣阁咨议，然后裁决。三人者，亦自信，侃侃行事"。当时"天下清平，朝无失政，中外臣民翕然称'三杨'"，"正统之初，朝政清明，士奇等之力也"。

这时宦官王振有宠于明英宗，渐渐干预朝政。但由于太后信任"三杨"，他还不敢太放肆。太后死后，王振进一步收受贿赂，勾结内外官员，企图凌驾于内阁之上。一天，王振"语士奇、荣曰：'朝廷事久劳公等，公等皆高年倦矣。'士奇曰：'老臣尽瘁报国，死而后已。'荣曰：'吾辈衰残，无以效力，当择后生可任者报圣恩耳。'振喜而退。士奇咎荣失言，荣曰：'彼厌吾辈久矣，一旦内出片纸，令某人入阁，且奈何？及此时进一二贤者，同心协力，尚可为也。'士奇以为然"。第二天，便选马愉入阁，马愉为人"端重简默，门无私谒，论事务宽厚"，是个贤官。

王振指点明英宗严酷对待臣下，大臣往往因为一点儿小过失而被关入监狱。正统四年（1439），靖江王佐敬私赠杨荣金银，正值杨荣回乡扫墓，不知道这件事。王振便利用这个机会倾陷杨荣，杨士奇极力解救，才平息了此事。杨荣为此又气又怕，于第二年便去世了。

杨荣去世后，在五六年的时间内，杨士奇、杨溥也先后去世，宦官王振趁机把朝廷军政大权抓到手里。北方的瓦剌部趁明朝边境空虚侵入大同。王振的家乡蔚州离大同不远，有许多田产，他怕蔚州被瓦剌军侵占，极力主张明英宗亲征。结果在土木堡大败，明英宗当了俘虏，王振也死在乱军之中。

明末六君子的厚谊[45]

明朝万历末年，顾宪成（1550～1612）因正直敢谏，得罪了明神宗，被撤职。他回到家乡无锡，同几个志同道合的朋友在东门外东林书院讲学，许多读书人都到东林书院来听他讲学。顾宪成在讲学时，经常议论朝政，还批评一些当政的大臣。一些被批评的官僚权贵，把支持东林书院的人称作"东林党人"。

明熹宗即位初年，有一些支持东林党的大臣掌了权，其中最有名望的要数杨涟（1572～1625）和左光斗（1575～1625）。杨涟，字文孺"为人磊落，负奇节，万历三十五年（1607）进士。除常熟知县，举廉吏第一"。左光斗，字遗直，万历三十五年进士。天启四年（1624），升佥都御史。杨涟和左光斗尽力想整顿朝纲，但当时受明熹宗宠信的宦官魏忠贤掌握特务机构东厂，并凭借手中的特权，结党营私，卖官受贿，专擅朝政。一些反对东林党的官僚投靠魏忠贤，结为一伙，时称"阉党"。当时"宫府危疑，人情危惧，光斗与杨涟协心建议，排阉奴，扶冲主，宸极获正，两人力为多，由是朝野并称为'杨左'"。杨涟与吏部尚书赵南星、佥都御史左光斗、吏部给事中魏大中等人"激扬讽议，务植善类，抑憸邪，忠贤及其党衔次骨"。

从天启元年（1621）开始，一些大臣陆续上疏指责魏忠贤专权，但魏忠贤有昏庸透顶的明熹宗做靠山，将这些反对他的人革职斥退。天启四年，副都御史杨涟上疏揭发魏忠贤，"左光斗与其谋"，奏章内列魏忠贤"拟旨内批，玩弄机权，剪除异己，兴狱滥刑"等二十四条罪状，要求将魏忠贤送交刑部严讯，以正国法。杨涟的奏疏掀起反对魏忠贤专权的高潮。在一两个月的时间里，弹劾奏章不下百余道。左光斗与左都御史高攀龙"共发崔呈秀（御史，魏忠贤的心腹）赃私"，魏忠贤大怒，"逐南星、攀龙"。左光斗"愤甚，草奏劾忠贤及魏广微（阉党）三十二斩罪"。与此同时，工部给事中魏大中"亦率同官上言"劾魏忠贤和客氏之罪状，吏部给事中袁化中"亦率同官上疏"劾魏忠贤。这些奏章一上，魏忠贤很害怕，便天天在明熹宗耳边吹风，说杨涟等人蔑视皇上，结党擅权，先后将赵南星、左光斗削官。魏忠贤还不解恨，天启五年（1625）三月，魏忠贤和他的阉党勾结起来，罗织罪状，攻击杨涟、左光斗是东林党，"党同伐异，招权纳贿"，将杨涟等六人逮捕下

狱。这其中有曾经"丑诋（徐）大化（魏忠贤的死党）"的礼部给
事中周朝瑞，经常与杨涟等人往来的刑部主事顾大章，同时将赵南
星等十五人削籍。

　　杨涟和左光斗是魏忠贤最恨的人，因此他们在监狱中受尽了残
酷的刑罚，但他们宁折不弯，始终没有屈服。另四人也都受尽酷
刑。当年七月，杨涟等六人先后惨死在狱中。自此，魏忠贤掌握了
朝政大权。

第三节　忠肝义胆在，千年孤臣泪

岳飞与韩世忠的厚谊[46]

在抗金战争中，岳飞同北方抗金主要将领韩世忠结下了深厚的友谊。

韩世忠（1089～1151），字良臣，绥德人。十八岁时应召从军。崇宁四年（1105）在同西夏人作战中功劳卓著，升为武副尉。

金兵南下时，他在北方全力抗击，升武节郎，武节大夫。宋高宗即位后，授御营左军统制。建炎二年（1128），授鄜延路副总管，后任浙西制置使，守备镇江。建炎四年（1130），金兀术在攻破杭州等地后率军北返，韩世忠亲自从青龙镇到海口布署防御，并率领水师在镇江截击金军，断其归路。他指挥八千水军、同十万金军在黄天荡（今镇江与南京之间）激战，把金军围困在黄天荡达四十八天之久。

当岳飞还是个无名的列校（军事小头目）时，韩世忠已经是大将了，同另外两员大将刘光世（1089～1142）、张俊（1086～1154）是当时三员最高军事将领。在六七年的时间里，岳飞的战功和军事职位已经追上他们，因此引起他们嫉妒，"世忠、俊不能平，飞屈己下之。……杨么平，飞献俊、世忠楼船各一，兵械毕备"。"性戆直，勇敢忠义"的韩世忠收到船后，非常喜悦，消除了以前的嫌怨。

从"勇足以冠军，智足以料敌"的李宝的归属上，亦可以看出岳飞与韩世忠的厚谊。

李宝，乘氏（今山东菏泽县）人，乡人号为泼李三。南宋初，金兵占领京东路后，李宝聚众三千多人，约于绍兴九年（1139）南下归宋。南宋朝廷欲将李宝遣送韩世忠军中，李宝不愿前往。岳飞来到杭州，李宝遂投奔岳飞，在军中充当马军。李宝思念故乡，暗中结交四十多人，准备私渡长江北上。此事被发觉后，岳飞便命李宝重返故乡，组织抗金义军。绍兴十年（1140），金军毁约南侵，李宝等人于宛亭县等地击败金军，并杀死数个金军将领，升左武大夫。李宝率众南归抵达楚州时，被韩世忠收留。李宝"痛哭愿归飞，世忠以书来谂，飞复曰：'均为国家，何分彼此。'"韩世忠非常佩服岳飞的见识，从此，李宝便留在韩世忠军中效力。

绍兴十一年（1141）四月，宋高宗赞同汉奸秦桧、范同的计策，分别封韩世忠、张俊、岳飞三大将枢密使和枢密副使的官衔，明里是升官，实际上是收夺了三大将的兵权。当时一些武将为了苟全性命，曲意逢迎秦桧，而韩世忠"与桧同在政地，一揖外，未尝与谈"，"又抵排和议，触桧尤多。或劝止之，世忠曰：'今畏祸苟同，他日瞑目，岂可受铁杖于太祖殿下！'"因此，秦桧先拿资望最老的韩世忠及其统帅的部队开刀。他所采用的方法，是利用三大将之间的嫌隙，使其互相诬陷和残害。秦桧指派张俊和岳飞前往楚州韩家军驻军之地，名义上是抚循韩世忠的旧部。极力曲意逢迎秦桧的张俊"知世忠忤桧，欲与飞分其背嵬军（即亲卫军），飞义不肯"。由于岳飞的反对，宋高宗、秦桧没能顺利达到收拾韩家军的目的。韩世忠部下军吏景著和总领胡纺，把张俊打算分编韩家军的事上报朝廷，秦桧"捕著下大理寺，将以扇摇诬世忠，飞驰书告以桧意，世忠见帝自明"。由于岳飞及时通知韩世忠，秦桧陷害韩世忠的目的落空了。

秦桧及其党羽诬陷岳飞父子和张宪谋反，将他们逮捕下狱，"举朝无敢出一语，世忠独撄桧怒"。他"诣桧诘其实，桧曰：'飞子云与张宪书虽不明，其事体莫须有。'世忠曰：'莫须有三字，何以服天下！'"但是宋高宗已决意剪除岳飞，秦桧更是久怀此念，韩世忠的抗辩终究未能改变岳飞父子必死的命运。

"岳家军"将领间的厚谊

岳飞与手下将领的友谊，是建立在忠义报国的基础上的。

张俊曾经向岳飞请教用兵之术，岳飞回答说："仁智信勇严，缺一不可。"岳飞非常关心爱护将士，"卒有疾，躬为调药。诸将远戍，遣妻问劳其家。死事者哭之，而育其孤；或以子婚其女。凡有颁犒，均给军吏，秋毫不私"。岳飞还很重视采纳诸将的意见，"欲有所举，尽召诸统制与谋，谋定而后战，故有胜无败"[47]。所以岳飞率领的岳家军英勇无敌，金人"为之语曰：'撼山易，撼岳家军难。'"[48]

岳飞部下著名将领杨再兴（？～1140），原来是曹成的部将，曾杀死岳飞的胞弟岳翻。绍兴二年（1132），曹成战败，杨再兴逃走，"跃入涧，张宪欲杀之，再兴曰：'愿执我见岳公。'遂受缚。飞见再兴，奇其貌，释之，曰：'吾不汝杀，汝当以忠义报国。'再兴拜谢"[49]。绍兴十年（1140），岳家军最后一次北伐，在郾城大战中，杨再兴为生擒金都元帅兀术，"以单骑入其军，擒兀术不获，手杀数百人而还。兀术愤甚，并力复来，顿兵十二万于临颍，再兴以三百骑遇敌于小商桥，骤与之战，杀二千人，及万户撒八孛堇千户百人，再兴战死，后获其尸，焚之得箭镞二升"[50]。

牛皋（1087～1147），字伯远，汝州鲁山（今河南鲁山县）人。

牛皋本是个士兵，金兵南侵，他组织民众抵抗。建炎三年（1129），牛皋在京西路一带与金兵作战十余次，都取得了胜利。绍兴三年（1133），南宋朝廷命令牛皋、董先二部一千多人隶属岳飞，一战攻克随州，又驰援庐州，军声大振。牛皋骁勇善战，力主恢复中原。岳飞死后，因牛皋对宋金和议表示不满，绍兴十七年（1147），被秦桧指使都统制田师中毒死。

岳飞对自己的儿子岳云要求很严格。岳云立下多次战功，但岳飞并不为他请功，朝廷有所升赏，岳飞数次力辞。宰相张浚谓："岳飞避宠荣，廉则廉矣，未得为公也。"[51] 而岳飞对他手下的将领是有功必赏，多次向朝廷为他们请封。绍兴四年（1134）四月，岳家军第一次北伐前夕，宋高宗给岳飞的手诏说："朕尝闻卿奏，称王贵、张宪、徐庆数立战效，深可倚办……理应先有以旌赏之。"[52]

张宪（？～1142），骁勇绝伦，在抗金战斗中屡建奇功。绍兴七年（1137），岳飞因大举北伐的计划被宋廷取消，愤而辞职，岳家军将士人心浮动，张宪与薛弼设法安抚军心。由于他是岳飞的爱将，所以宋高宗和秦桧从他下手，诬告他与岳飞、岳云父子通同谋反，张宪同岳氏父子一同被杀害。

第四节　千古佳话将相和

廉颇与蔺相如[53]

蔺相如，赵国人，是赵国宦者令缪贤的门客。

廉颇，"赵之良将也。赵惠文王十六年，廉颇为赵将，伐齐，大破之，取阳晋，拜为上卿，以勇气闻于诸侯"。

蔺相如在赵国初露头角，是他胜利地完璧归赵，"使不辱于诸侯"。赵王为此拜蔺相如为上大夫。

秦国没能在夺取和氏璧这件事上使赵国屈服，便接连几年侵入赵国地境，占了一些地方。公元前279年，秦昭襄王又搞花招，请赵惠文王到渑池去会见。赵惠文王"畏秦，欲毋行。廉颇、蔺相如计曰：'王不行，示赵弱且怯也。'赵王遂行，相如从"。廉颇留在赵国辅助太子留守。

渑池会上，秦昭襄王故意请赵惠文王弹瑟，并且当场让秦国的史官记录下来，以羞辱赵惠文王。蔺相如见到这种情形，上前也请秦王为赵王击缶，"秦王怒，不许。于是相如前进缶，因跪请秦王。秦王不肯击缶。相如曰：'五步之内，相如请得以颈血溅大王矣！'左右欲刃相如，相如张目叱之，左右皆靡"。秦王不得已，只得击了一下缶，蔺相如也招呼赵国史官把此事记录下来。宴饮完毕，秦王"终不能加胜于赵"，再加上赵国"亦盛设兵以待秦，秦不敢动"。

蔺相如两次出使，保全赵国不受屈辱，立下大功，赵惠文王封他为上卿，地位在廉颇之上。廉颇很不服气，私下说："我为上将，有攻城野战之大功，而蔺相如徒以口舌为劳，而位居我上。且相如素贱人，吾羞，不忍为之下。"还放出话说："我见相如，必辱之。"蔺相如听说后，装病不去上朝，以避免同廉颇争上下。出门在路上远远望到廉颇，也都回避着他。蔺相如手下的门客都不服气，责备蔺相如不该这样胆小怕事，蔺相如问他们："'公之视廉将军孰与秦王？'曰：'不若也。'相如曰：'夫以秦王之威，而相如廷叱之，辱其群臣。相如虽驽，独畏廉将军哉？顾吾念之，强秦之所以不敢加兵于赵者，徒以吾两人在也。今两虎共斗，其势不俱生。吾所以为此者，以先国家之急而后私仇也。'"廉颇听说了这话，感到十分惭愧，便"肉袒负荆"，到蔺相如家里请罪，说："鄙贱之人，不知将军宽之至此也。"从此之后，二人成为"刎颈之交"。

注　释

★　董迎建女士参加了本章少部分内容的写作。

[1]《史记》卷六《秦始皇本纪》。

[2] 同上书，卷八七《李斯列传》。

[3][4]《史记》卷八《高祖本纪》。

[5][6]《史记》卷五三《萧相国世家》。

[7][8]《史记》卷九二《淮阴侯列传》。

[9][10]《史记》卷五三《萧相国世家》。

[11]《史记》卷九二《淮阴侯列传》。

[12]《史记》卷五六《陈丞相世家》。

[13]《明史》卷一二七《李善长传》。

[14][15][16]《明史》卷一二七《李善长传》。

[17]《明史》卷一二五《徐达传》。下引此传不另注。

[18]《明史》卷一二八《刘基传》。下引此传不另注。

[19]《明史》卷一二八《宋濂传》。

[20] 转引自王春瑜《论朱升》，见《明清史散论》，上海东方出版中心1996年版，
　　　第172—178页。

[21]《汉书》卷三四《韩信传》。下引此传不另注。

[22][23]《汉书》卷三四《彭越传》。

[24] 同上书，《英布传》。

[25]《明史纪事本末》卷一三。下引此书不另注。

[26]《明史》卷一二七《李善长传》。

[27]《明史》卷一二八《宋濂传》。

［28］［29］赵翼:《廿二史札记》卷三二。

［30］赵翼:《廿二史札记》卷三二。

［31］《明史》卷一二九《冯胜传》。

［32］孙正容:《朱元璋系年要录》,浙江人民出版社 1983 年版,第 363 页。

［33］《新唐书》卷九七《魏征传》。下引此传不另注。

［34］《宋史》卷三六五《岳飞传》。下引此传不另注。

［35］《明史》卷三〇五《魏忠贤传》。下引此传不另注。

［36］故宫博物院明清档案部编:《李煦奏折》,第 75—76 页。

［37］故宫博物院明清档案部编:《关于江宁织造曹家档案史料》,第 23 页。

［38］同上书,第 99 页。

［39］［40］［41］［42］［43］《关于江宁织造曹家档案史料》,136、143、206、213—214,185—188。

［44］本节材料出自《明史》卷一四八《杨士奇传》《杨荣传》《杨溥传》。

［45］本节材料出自《明史》卷二四四杨涟等六君子传。

［46］本节材料出自《宋史》卷三六四《韩世忠传》、卷三六五《岳飞传》。

［47］［48］［49］［51］《宋史》卷三六五《岳飞传》。

［50］《宋史》卷三六八《杨再兴传》。

［52］《金佗粹编》卷二。

［53］本节材料参自《史记》卷八一《廉颇蔺相如列传》。

辑

三

第一节　海内存知己，天涯若比邻——留学生

阿倍仲麻吕

唐代，中日两国来往频繁。日本经常由朝廷任命通晓经史或精通唐朝情况的官吏为大使、副使。使团成员中，往往有十几名或二十名留学生、学问僧同行。这些留学生，在唐居留达二三十年之久，在中国文化方面有很深的素养。其中最著名的当数阿倍仲麻吕。他的中文名字叫晁衡，晁或作朝，或作鼌，都是"朝臣"一词的省略。仅从这个名字也可以看出他汉化的程度。晁衡生于日本文武天皇二年（唐中宗嗣圣十五年，即698年），聪敏好学。元正女帝灵龟二年（唐开元四年，即716年），他十九岁，被选为遣唐留学生。次年三月从难波（今大阪）动身，所幸海上风平浪静，得以顺利进入中土，并抵京城长安。经过朝廷的特许，他学于太学，与公卿贵族子弟同窗受业。学习期满后，进士科考试及第，在唐为官。先后担任左拾遗、左补阙、左散骑常侍、镇南都护、安南节度使等职，并终老于唐，享年七十二岁。在唐达五十三年之久，他把大半生的心血倾洒在中华大地上。

晁衡结识了不少中国友人，大诗人李白、王维、储光羲等，都与他有深厚的友谊。早在他从太学卒业不久任司经局校书时，就与兖州（今山东兖州）人、开元进士、诗人储光羲订交。光羲有《洛中贻朝校书衡》诗谓：

万国朝天中，东隅道最长。吾生美无度，高驾仕春坊。出入蓬山里，逍遥伊水傍。伯鸾游太学，中夜一相望。落日悬高殿，秋风入洞房。屡言相去远，不觉生朝光。[1]

晁衡与进士、秘书少监赵骅（字云卿）及担任过刑部侍郎、秘书监等职的包佶（字幼正）也是好友。开元二十二年（734）冬，晁衡感到留唐已十七年，思念故土，以双亲年迈为由请归。包佶闻讯，作《送日本国聘贺使晁巨卿东归》诗，为他送行，诗曰：

上才生下国，东海是西邻。九译蕃君使，千年圣主臣。野情偏得礼，木性本含真。锦帆乘风转，金装照地新。孤城开蜃阁，晓日上朱轮。早识来朝岁，涂山玉帛均。[2]

赵骅也写了《送晁补阙归日本国》诗：

西掖承休浣，东隅返故林。来称郯子学，归是越人吟。马上秋郊远，舟中曙海阴。知君怀魏阙，万里独摇心。[3]

但唐玄宗很器重晁衡，挽留他继续任职，以致未能成行。天宝十二年（753），晁衡已五十六岁，再次请求返国。玄宗同意，并破例任命他为使节。晁衡对此很感激，赋诗曰：

衔命将辞国，非才忝侍臣。天中恋明主，海外忆慈亲。伏奏违金阙，騑骖去玉津。蓬莱乡路远，若木故园林。西望怀恩日，东归感义辰。平生一宝剑，留赠结交人。[4]

王维不仅写了送别诗，还冠以长序，文采斑斓，脍炙人口。序中有谓："……晁司马结发游圣，负笈辞亲……名成太学，官至客卿。……黄雀之风动地，黑蜃之气成云；淼不知其所之，何相思之可寄。嘻！去帝乡之故旧，谒本朝之君臣，咏七子之诗，佩两国之印……子其行乎，余赠言者。"诗曰：

　　积水不可极，安知沧海东；九州何处远，万里若乘空。向国唯看日，归帆但信风；鳌身映天黑，鱼眼射波红。乡树扶桑外，主人孤岛中。别离方异域，音信若为通。[5]

但天有不测风云，晁衡的归舟抵琉球后，又被逆风吹到安南，死难者一百七十余人。所幸晁衡等十余人死里逃生，经过长时间的艰难跋涉，又回到长安。曾有消息误传晁衡已去世，他的好友李白闻讯后作《哭晁卿衡》诗哀悼曰：

　　日本晁卿辞帝都，征帆一片绕蓬壶。
　　明月不归沉碧海，白云愁色满苍梧。[6]

晁衡的好友，当然还有其他一些人。如魏万，喜欢穿日本裘，洋洋得意，就是用晁衡送给他的布缝制而成的。[7]

鲁　迅

1904年9月，鲁迅从东京至仙台，进入仙台医学专门学校攻读。讲授骨学与解剖学等课程的教授，是黑瘦、八字须、戴着眼镜的藤野严九郎（1874～1945）。这位先生衣着朴素，有时忘记打领结，冬天穿一件旧外套，寒颤颤的。有一回坐火车，管车的看他那副寒碜样，竟然疑心他是扒手，叫乘客小心。但是，他却是位慈爱、热心的老师，非常关心鲁迅。他每星期都将鲁迅的课堂笔记拿去，从头到尾，用红笔添改过，不但增加了许多脱漏之处，连文法的错误，也都一一订正。后来，鲁迅的思想骤起波澜。在学习细菌学时，细菌的形状是全用电影来显示的，有时快下课时，便加映一些时事幻灯片。当时日俄战争刚结束，加映的便都是日本打败俄国的"战绩"。有一次，鲁迅看到据说是替俄国军队当侦探的中国人，被日本军队抓住枪毙，围观的也是一群中国人，他们竟无动于衷。鲁迅愤然退场。他严肃思考后，痛切地感到：医学对于中国的社会改造，并不是至关重要的；如果思想不觉悟，即使体格如何健壮，也只能做枪毙示众的材料，或当麻木的观众。首要的是改变人的精神，而改变精神的有力工具是文艺。他终于退学，将不愿再学医学的想法告诉藤野先生。藤野先生叹息着，鲁迅临走的前几天，他特意赠送一张照片，背面写着"惜别"二字。还说希望鲁迅将来也送给他照片，并常写信给他告知近况。多年以后，鲁迅深沉地回忆道：

　　但不知怎地，我总还时时记起他，在我所认为我师的之中，他是最使我感激，给我鼓励的一个。有时我常常想：他的对于我的热心的希望，不倦的教诲，小而言之，是为中国，就是希望中国有新的医学；大而言之，是为学术，就是希望新的医学传到中国去。他的性格，在我的眼里和心里是伟大的，虽然他的姓名并不为许多人所知道。

　　他所改正的讲义，我曾经订成三厚本，收藏着的，将作为永久的纪念……他的照相至今还挂在我北京寓居的东墙上，书桌对面。每当夜间疲倦，正想偷懒时，仰面在灯光中瞥见他黑瘦的面貌，似乎正要说出抑扬顿挫的话来，便使我忽又良心发现，而且增加勇气了，于是点上一枝烟，再继续写些为"正人君子"之流所深恶痛疾的文字。[8]

这篇文章不仅是教育史上珍贵的一页，也是中日人民友谊史上令人回味的一页。

1934 年，鲁迅的日本友人增田涉计划出版《鲁迅选集》时，曾写信征求鲁迅的意见：选收哪些文章好。鲁迅回信说：选什么文章"请全权办理"，"只有《藤野先生》一文，请译出补进去"。[9]由此不难看出鲁迅对藤野先生的深情。事实上，鲁迅晚年在给日本朋友写信时，多次询问藤野先生的下落，但都无音信。1936 年夏天，增田涉专程去上海探视病中的鲁迅时，鲁迅仍然缅怀着藤野先生，并说："从没有信息来看，也许藤野先生已经逝世了。"

其实，此时的藤野先生还健在。他于 1915 年离开了仙台医专，不久回到家乡开设了一个为农民治病的诊所，默默无闻地工作着。后来，他终于知道了鲁迅写他的文章，他对其子藤野恒弥说："鲁迅这个名字，我是第一次听到。肯定无疑，这就是当时的周树人。在医专时代我教过他，并给他改过笔记，这些事，我都记得。但是，他能成为这样一个伟人，我当时一点苗头也没有看出。他真是有出息。在我教过的学生中出现这样一个大人物，我很高兴。"鲁迅逝世的消息传到日本后，藤野先生接受了记者的采访，表示了深切的哀悼，还用毛笔写了"谨忆周树人君"[10]。1945 年 8 月 11 日，藤野先生病逝，终年七十一岁。1956 年 8 月，在福井县的足羽山上建立了藤野先生纪念碑。碑上的"藤野严九郎"几个字由鲁迅夫人许广平题署，并镌刻着从藤野先生赠给鲁迅的照片上临摹的"惜别"二字，当地人都称此碑为"惜别"碑。鲁迅与藤野先生的友谊，将永远镌刻在中日两国人民的心中。

郭沫若

郭沫若与小野寺

　　郭沫若于1918年秋从冈山第六高等学校升入九州帝国大学医学部，教授内科学的老师是小野寺直助教授。他对耳聋重听的郭沫若很关切，亲自为他订正笔记，指导他如何进行实习诊察，并邀请郭沫若和同窗去他家中做客。他反对种族歧视，同情中国留学生。

　　1923年，郭沫若在九州帝国大学毕业，获医学士学位。但回国后，因耳聋重听等原因，未能行医，活跃在文坛与政坛。第一次大革命失败后，郭沫若亡命日本，从事金文、甲骨文等古文字学、历史学的研究。1932年底，小野寺直助获悉郭沫若在日本，很高兴地驰函，劝他研究东洋医学史。郭沫若读到此信后，很快便给这位恩师复信：

小野寺先生惠鉴：

　　今日得奉大札，欣喜无似。自离母校，因东奔西走，素阙笺候。数年来流寓贵邦，亦因种种关系，未得趋承明教，恕罪恕罪。东洋医学史诚如尊言，急宜研究，然此事似非一朝一夕及个人资力所能为者。绠短汲深，仆非所器也，奈何奈何！前在学时，侧闻先生于敝国陶磁造诣殊胜，想尊藏必多逸品。又，仆近正从事《卜辞通纂》之述作，不识九大文学部于殷墟所出龟甲兽骨有所搜藏否，其民间藏家就先生所知者能为介绍

一二，或赐以写真、拓墨之类，不胜幸甚。专复即颂

教安

郭沫若再拜

正月十二日

旧所受教诸先生，乞一一致意。[11]

信中所述"因种种关系"云云，主要是指郭沫若受日本当局监视，不能离开自己的住地千叶。同年 11 月 1 日，郭沫若又用日文写了一封信给小野寺直助，盼望他来东京时能有见面的机会。并托老师能介绍一位高明的妇科医生，为他的妻子安娜治病。小野寺直助收到此信后，当即为安娜物色了合适的医生，郭沫若夫妇都很感激。由于政治环境不允许，小野寺直助与郭沫若在漫长的时期内，并未能在一起畅叙师生情义。直到 1957 年，小野寺直助参加日本福冈访华代表团来我国参观访问时，他们才在北京相逢。两人紧紧握手、拥抱。事后，郭沫若跟老同窗钱潮说："这是九州大学的光荣，也是我的光荣。"1968 年，小野寺直助病逝。郭沫若很晚才得到噩耗。遗憾的是，郭沫若没有写过类似鲁迅《藤野先生》那样的文章，来回忆小野寺直助先生。因此他们交谊的详情，并不为人所知。但前引郭沫若信原件，现在仍完好地保存在小野寺直助的后代手中，成了郭沫若与小野寺直助间友谊的见证。

郭沫若与田中庆太郎

田中庆太郎（1880～1951），字子祥，生于京都，1899 年毕业于东京外语大学汉语学科，其后曾多次来中国进修，在中国的传统历史、文化方面有相当高的素养，精通金石学、文化学。他创办的专卖中国古籍的书店"文求堂"，在日本汉学界具有很高的声

望。1928 年秋，郭沫若研究殷墟甲骨，苦于资料不足，去文求堂
搜集。田中先生建议他向东洋文库主任石田干之助先生借阅。郭
沫若如愿以偿，在两个月内读完了东洋文库所藏甲骨、金文著作，
写出了《甲骨文研究》和《殷周青铜器铭文》两部在史学研究上
开创一代新风的著作。1931 年初，郭沫若收到两种著作样书各
二十本后，将大部分都卖给文求堂，并当场拿到了现金，缓解了
经济上的窘困。

　　此后，他们的来往更多。在郭沫若生活最困难时，他用现金买
下郭沫若的重要著作《两周金文辞大系》文稿，并于 1932 年初出
版发行，还相继出版了郭沫若的《金文丛考》《金文余释之余》《卜
辞通纂》《卜辞通纂考释》《古代铭刻汇考》《两周金文辞大系图录》
《两周金文辞大系考释》等十种学术专著。这对郭沫若的古文字、
古代史研究，是个极大的支持。事实上，郭沫若在古文字学方面的
崇高学术地位，即是由此而奠定的。田中对郭沫若，堪称慧眼识俊
杰。田中甚至提出过愿将长女嫁给郭沫若，虽被谢绝，但不难看出
对郭沫若的情义之深。

　　由于他们之间过从甚密，从 1931 年 6 月 18 日至 1937 年 6 月
26 日，即抗日战争爆发前十天，郭沫若写给田中及其子的书信、明
信片达二百三十件之多，[12] 信中几乎无所不谈。这些信件，现在全
部由田中庆太郎之子田中壮吉珍藏着。郭沫若还赠给田中庆太郎多
首古诗，1932 年 10 月 30 日的一首七律是：

> 江亭寂立水天秋，万顷苍茫一望收。
> 地似潇湘惊雨爽，人疑弟子剧风流。
> 寻仙应伫谢公屐，载酒偏宜苏子舟。
> 如此山川供啸傲，镌工尽足藐王侯。

1933 年 2 月 18 日，无题二首，其一是：

> 短别日三五，萦思岁万千。
>
> 清辉如满月，长恨若新弦。
>
> 相见一回后，损增一样添。[13]

从这些诗可以看出郭沫若、田中庆太郎友谊的深厚。1955 年郭沫若率中国科学考察团访问日本，遗憾的是田中先生已于四年前作古。郭沫若特地到叶山高德寺凭吊田中先生的灵台，并与他的家人亲切交谈。田中先生虽逝去，但他与郭沫若的友谊长存。

第二节　天涯海角传经人——高僧

玄　奘

　　玄奘在印度学佛、弘法及漫游期间，虽然也遭到过异教徒、强盗的攻击，但毕竟是个别现象。印度人民对玄奘是热情友好的。其中，高僧戒贤法师、羯若鞠阇国戒日王（尸罗河迭多）堪称是代表人物。

　　玄奘冒险犯禁，不怕艰难险阻，私自西游的原因之一，是为了学习《瑜伽师地论》。贞观五年（631），约十月初，玄奘到达那烂陀寺（今印度比哈尔邦巴特那以东 55 英里的巴腊贡）留学，拜戒贤法师为师。戒贤法师对玄奘很关心，与他亲切交谈。次年，戒贤尽管因年迈而身体衰弱，仍然重新为玄奘开讲《瑜伽师地论》，整整花了十五个月才讲完。玄奘在那烂陀寺求学五年，仅《瑜伽师地论》，就先后听过三遍。这为以后玄奘的佛学事业，打下了坚实的基础。贞观十年（636）初春，玄奘辞别戒贤法师，踏上了他周游五印度，问学、游历的漫漫历程。

　　贞观五年，玄奘曾到达当时称霸五印度的普西亚布蒂王朝戒日王直接统治的羯若鞠阇国（都城曲女城，今印度恒河西岸的卡脑季），但尚无缘见到戒日王。九年后，这时玄奘已经声名鹊起，戒日王遂派遣使者至正在迦摩缕波国（今印度阿萨姆西部地区）讲学的玄奘处，邀请他会面。鸠摩罗王亲自陪同玄奘沿恒河至羯朱嗢罗国（今印度拉杰马哈尔地方），会晤戒日王。戒日王对玄奘很尊敬，当时见面的情形是：

戒日王劳苦已曰："自何国来？将何所欲？"对曰："从大唐国来，请求佛法。"王曰："大唐国在何方？经途所亘，去斯远近？"对曰："当此东北数万余里，印度所谓摩诃至那国是也。"王曰："尝闻……有秦王天子……殊方异域，慕化称臣，氓庶荷其亭育，咸歌秦王破阵乐。闻其雅颂，于兹久矣。盛德之誉，诚有之乎？大唐国者，岂此是耶？"对曰："然。……大唐者，我君之国称。昔未袭位，谓之秦王；今已承统，称曰天子。……敬崇三宝，薄赋敛，省刑罚，而国用有余……"戒日王曰："盛矣哉！彼土群生，福感圣主。"[14]

这次会面，是意义深远的。不仅使玄奘与戒日王结下很深的友谊，更重要的是使戒日王对大唐王朝有了确切的了解，不久就遣使至长安，"为我国与印巴次大陆国家，正式建立邦交之始"[15]。

次日清晨，戒日王又派使者来迎接玄奘，并索观玄奘所著的《制恶见论》，深为折服，于是决定在曲女城举行学术论辩大会。经过长时间的筹备，大会开始举行。到会的有五印度十八国国王，信奉大小乘的佛教徒三千余人，婆罗门及其他杂教二千余人，那烂陀寺也有上千人赴会，观礼者更不计其数。戒日王盛情邀请玄奘为论主，玄奘主要讲述《制恶见论》。讲毕，经过十八天的辩论，玄奘最终取得胜利，从此名播印度。会后，玄奘辞行，戒日王一再挽留，参加了他所举行的"无遮大会"达七十五天之久。事后，又热情挽留玄奘住了十多天，赠送了不少珍宝衣物，为玄奘送行。玄奘辞谢了珍贵的赠物，只接受了途中遮雨用的曷剌厘帔。[16]

鉴　真

　　佛教传入日本后，发展很快。但是，受到唐朝佛教很深影响的日本僧尼，迫切需要戒律；国家也需要将受戒制度规范化，以取缔私度、自度。这必须由德高望重的高僧主持其事。后经隆尊提出申请，经过舍人亲王的批准，派人到中国礼聘戒师。开元二十一年（733），入唐学习的日本僧荣睿、普照，几经曲折，终于抵达中国。

　　鉴真（688～763），俗姓淳于，江阳人。少年时即入扬州名刹大云寺为沙弥，十八岁时由道岸禅师授菩萨戒。后又至当时的东、西京（洛阳、长安）继续深造达数年之久。他融合各家之长，成为律宗的大师，返回扬州，为弘扬佛教事业，做了大量工作，仅修造的佛寺即达八十余所，从而享有崇高的声望。史载："后归淮南，教授戒律，江淮之间，独为化主。"[17]此后，鉴真历经十二年东渡日本。前五次东渡都失败了，直到天宝十二载（753），第六次东渡成功。鉴真一行到达日本后，受到日本朝野的热烈欢迎。孝谦天皇（女皇）下诏书曰："自今以后，受戒传律，一任大德。"鉴真先后为太上皇、皇太后、皇太子授"菩萨戒"，为四百四十余沙弥受戒，为内道场兴行僧神荣等五十五人重授大小乘戒，为旧大僧灵福等八十余人重授"具足戒"。乾元二年（759），鉴真和信徒建立了"唐律招提"，传教弘法，成为日本律宗的总本寺。鉴真东渡时，除携带了大量的佛经、佛教文物外，还有中国的书画、艺术品、药物等，对于日本文化产生了很大影响。鉴真临终时，向其门徒法进、法载、义静、如宝一一交代后事，然后"结跏趺座，面西化，春秋七十六。化后三日，顶上犹暖"。[18]

　　鉴真逝世后，日本的不少官员、僧俗人等，都以不同方式纪念这位与日本人民结下深厚友谊的高僧大德。传灯沙门释思托写悼诗曰："上德乘杯渡，金人道已东。戒香余散馥，慧炬复流风。月隐归灵鹫，珠逃入梵宫。神飞生死表，遗教法门中。"金紫光禄大夫中纳言行式部卿石上宅嗣的《五言伤大和上》诗曰："上德从迁化，余灯欲断风。招提禅草划，戒院觉华空。生死悲含恨，真如欢岂穷。惟视常修者，无处不遗踪。"图书寮兼但马守藤原朝臣刷雄的《五言伤大和上》诗，谓："万里传灯照，风云远国香"，"寄语腾兰迹，洪慈万代光"，更是日本人民对鉴真和尚深厚友谊的写照。

空　海

　　在日本来唐的学问僧中，空海（774～835）是位杰出的代表。

　　日本光仁天皇宝龟五年（774），空海诞生于日本赞歧国（今四国岛东北部的香川县）的一个豪族家庭，俗姓佐伯，幼名真鱼。十五岁时，他在舅父阿刀大足的鼓励和支持下，抵长冈京（今京都市西郊），比较系统地学习中国儒家经典。十八岁时，至首都的大学明经科学习，对中国文化有了更深的了解。在此期间，他接触了密教。结束大学学业后，佐伯真鱼开始了修行生活。二十五岁时，他在槙尾山寺（今和泉市槙尾山施福寺）正式遁入空门，剃度后，成为正式的沙弥。三十一岁时，在奈良东大寺的戒坛院（鉴真和尚所修）受戒，用法号空海。唐贞元二十年（804）五月十二日，空海随日本第十七次遣唐使一行，出发来中国。历经艰难后，于十二月二十三日抵长安。在著名的西明寺，他拜密教大师高僧惠果为师。惠果见面后，高兴地对他说："我先知汝来，相待久矣，今日相见，大好大好。"以后，为空海数次灌顶，两次依法抛花，都偶然抛到毗卢遮那（大日）如来身上。惠果惊叹地赞道："不可思议，不可思议！"[19]

惠果向空海传法，几乎倾注全部心血。他觉得真言秘藏，不易领悟，如果不参考图画，难以相传，便特地让绘画高手李真等十余人画胎藏金刚界等大曼荼罗等一十铺，又集中二十多位经生书写金刚顶等最上层密藏经。又令人新造道具十五种。这些事大体均具眉目后，惠果大师无限深情地对空海说："我在这里的尘世上缘分已尽，不能久住。准备将这两部大曼荼罗，一百余部金刚乘法，和三藏转付之物，及供养之具等，请归本乡，流传海外。"要空海把这些都带回日本，"早归乡国，以奉国家，流布天下，增苍生福"，并殷切告诫："传之东国，努力努力！"[20]

惠果传完法事，即在次年（永贞元年，805）十二月十五日圆寂，享年六十，僧腊四十。空海受众人之托，写了一篇很长的碑文，详细记载了惠果在密教的崇高地位，以及悉心传法于空海的高风大德。其中记惠果曾对空海说："汝未知吾与汝宿契之深乎，多生之中，相共誓愿，弘演密藏，彼此代为师资，非只一两度也。……汝西土接我足，吾也东生入汝之室。莫久迟留，吾在前去也。"情义之真切，感人至深。空海在碑文之末，还写了长长的铭文，曰：

> 生也无边，行愿莫极。丽天临水，分影万亿。爰有挺生，人形佛识。毗尼密藏，吞并余力；修多与论，牢笼胸臆。四分秉法，三密加持。国师三代，万类依之。下雨止雨，不日即时，所化缘尽，泊焉归真。慧炬已灭，法雷何春。梁木摧矣，痛哉苦哉。松槚封闭，何劫更开。[21]

从这个碑文及铭文，我们不难看出惠果、空海师徒之间"一日心期千劫在"的深谊。

空海遵从恩师惠果的教诲，提前归国。行前，给青龙寺阿阇梨义操赠诗曰："同法同门喜遇深，游空白雾忽归岑。一生一别难再见，非梦思中数数寻。"他在长安的僧、俗友人，也纷纷赠诗惜别。郑王的题诗有谓："他年续僧史，更载一贤人。"堪称平实之论。

文宗大和九年（835）三月二十一日，空海逝世。寂灭前不久，他曾以"入唐求法沙门空海"的名义写下遗言，提到《毛诗》《左传》《尚书》等儒学经典对他的深刻影响，对中国文化眷念不已。

第三节　海内何妨存异己，且看西方传教人
——传教士

利玛窦

　　利玛窦，全名玛泰奥·利奇（Matteo Ricci）。"利"字，是他的姓的第一个音节 Ri 的音译，"玛窦"，则是其圣名 Matteo 的音节。他是意大利人，出身贵族家庭，生于 1552 年。十六岁时奉父命至罗马神学院学习法律，1571 年加入耶稣会。利玛窦二十六岁时，曾与意大利籍神父罗明坚（1543～1607）同赴印度传教。明朝万历十年（1582），三十一岁的利玛窦应罗明坚的请求，到了澳门，从此开始了在中国漫长的传教生涯。虽然，他并非一帆风顺，并曾遭受过严重的困难与挫折，但实践证明，他是一个非常善于交际的人。上至达官公卿，下至平民百姓，从地方到北京，都有不少人与他交往，有几位还成了他的好友，对于他的传教，特别是中西文化的交流，鼎力相助。如果利玛窦没有这些中国友人的帮助，肯定一事无成。据文献查考，与利玛窦有过交往的国人，起码有一百三十余人[22]，其中有权势倾国的大宦官冯保，大学士叶向高（光宗时为内阁首辅）、沈一贯，名流李贽、汤显祖、李日华、王樵、王肯堂（王樵之子）、焦竑、徐光启、沈德符、冯时可、邹元标，以及袁宏道、袁中道弟兄，王泮，瞿汝夔等。现举例略述之。

　　王泮，任过肇庆知府、岭西道尹等职。他积极支持利玛窦在肇

庆城西郊建立教堂，并手书"仙花寺""西来净土"两方匾额，挂在门楣和中堂。升任道尹后，又请利玛窦将他从欧洲带来的世界地图，重新绘制，将中国置于全图的中央，以满足中国人以天朝、天下中心自居的心理，并放大地图，以《山海舆地全图》的名称刊印。这不仅使很多国人第一次看到了世界地图，从而眼界大开，对扩大利玛窦的知名度、社会影响，也起了重要作用。无怪乎利玛窦洋洋自得地写道："实际上正是这有趣的东西，使得很多中国人上了使徒彼得的钩。"[23]可惜后来因故双方断绝了往来。

瞿汝夔，字太素，江苏常熟人。其父瞿景淳（1507~1569）曾任礼部左侍郎，兼翰林院学士，总校《永乐大典》，修《嘉靖实录》。正是由于这样的家庭背景，他得以广交友，虽家业败尽，仍浪迹天涯，乞食侯门。在韶州，他对利玛窦十分钦佩，拜其为师，学习数学、制作技艺。正是由于他的穿针引线，利玛窦才认识不少韶州的官员及知识界名流。尤其值得称道的是，瞿汝夔聪颖过人，他不仅跟利玛窦学习《同文算法》《浑盖图说》《欧几里得几何》，还将《欧几里得几何》这部几何学著作的第一卷译成中文。这在中国数学史上，是一件破天荒的事。瞿汝夔还给利玛窦出了一个高招，建议他易服，不穿僧服穿儒服。从此利玛窦摇身一变，俨然是一名文士。这在他与中国人的交游中无疑是拉近了距离，方便多了。

李贽，他与利玛窦在万历年间有过几次会面。李贽的《续焚书》卷二《与友人书》，曾记述他们往来的情况。他盛赞利玛窦经过向中国学者虚心请教，刻苦学习后，"今尽能言我此间之言，作此间之文字，行此间之仪礼，是一极标致人也。中极玲珑，外极朴实"。但是，他对利玛窦来中国到底干什么，并不清楚，是抱怀疑态度的。不过，李贽断定，他绝不是企图用天主耶稣来代替周公、孔子的学问，倘谁这样想，则未免太蠢了。

据今人研究，李贽与利玛窦第一次会见是在万历二十七年（1599），利玛窦从北京返回南京以后。[24] 关于这次见面的详细情形，以另一位传教士裴化行的《利玛窦司铎和当代中国社会》第一册的记载最为具体："那位啸傲王侯目空一世，不肯轻易晋谒达官显宦的李贽和尚，竟不惜纡尊枉驾先来拜访利公。利公前往答拜的时候，他带了许多随侍左右的子弟们簇拥着出来相见，彼此畅谈宗教，谈得很久，但他不肯讨论也不肯辩驳，只说你们的天主教是好的。他送给利公两把扇子，上面写着两首小诗，是他亲笔写作；这两首诗后来有许多人抄读，还收入他的诗集中，刊印出来。末了，他命人把利公的《交友论》誊录了好几份，加上几句推崇的话，寄给他湖广一带为数很多的门生。"李贽赠利玛窦的诗是："逍遥下北溟，迤逦向南征。刹利标名姓，仙山纪水程。回首十万里，举目九重城。观国之光未，中天日正明。"当然，这不过是一时应酬之作，尽礼节而已。利玛窦后来说此诗堆砌典故，无实质内容，可见这位洋和尚对中国古诗已很通晓了。显然，李贽对待利玛窦是热情友好的，但是，难免仍心存隔膜。这在当时的历史条件下，对于很多人来说都是难以避免的。以后，李贽在济宁又和利玛窦有过两次会面，基本上是礼节性的拜访。而且李贽处于隆重接待利玛窦的济宁漕运总督刘东星的陪客位置上，态度不亢不卑，这还是值得称道的。

徐光启是我国古代科技史上杰出的科学家，也是中西文化交流的重要先驱者。他的光辉成就，是与利玛窦密不可分的。《明史》说徐光启"从西洋人利玛窦学天文、历算、火器，尽其术，遂遍习兵机、屯田、盐策、水利诸书"[25]，这是符合实际的。万历二十八年（1600）春天，徐光启赴北京应试，途经南京。此前，他早已听说过利玛窦的大名,后来又看到了由利玛窦绘制、并由赵可怀、吴中明"前后所堪舆图"——也就是刻在石头上的《山海舆地全图》,[26]对利玛窦心向往之。到南京后,他便特地去拜访利玛窦,交谈甚欢。后来,徐光启说听了利玛窦的高论,"为低徊久之","以为此海内博物通达君子"。[27]万历三十一年(1603),徐光启再次去南京,虽然未能见到时已赴北京的利玛窦,但他从另一位耶稣会士罗若望那里,得到了利玛窦所著《天主实义》等书,而且很快正式受洗入教,取名"保禄"(亦作"葆禄"),成为天主教徒,应当说,心灵上与利玛窦是更加相通了。

次年,徐光启考中进士,入翰林院,这就有机会经常向住在"四夷馆"、受到礼遇的利玛窦请教。据徐光启的友人茅元仪在《与徐玄扈赞善书一》中的记述,徐光启常常穿着普通百姓的服装,步行去利玛窦的住处,向利玛窦请教天主教义、西方科技,利玛窦"讲究精密,承问冲虚",使徐光启很受教益。利玛窦在南京撰《二十五言》,是论述个人宗教修养的,包括二十五个条目的著作,后由利玛窦的另一位中国友人冯应京在狱中润色,写了序。冯应京被释放,徐光启又为此书作跋,这时已是万历三十二年(1604)的十二月二十一日。在跋文中,徐光启盛赞利玛窦笃信教义,博学多才,"其学无所不窥",深感自己"间游从请益,获闻大旨也,则余向所叹服者是乃糟粕煨烬,又是乃糟粕煨烬中万分之一耳"。钦敬之心,溢于言表。万历三十八年(1610)四月中,利玛窦在京病逝。在上海为父亲守丧的徐光启惊闻噩耗后,"哀之如师傅"。守制期满后,他即赶回北京,为利玛窦主持葬礼,时在万历三十九年十一月初一日(1611年12月4日)。徐光启并将下棺时所用绳索保存起来,留作纪念,[28]事实上,也是对利玛窦不尽的追思。徐光启是利玛窦在中国最要好的朋友、学生,也是利玛窦的友人中贡献最大、最有影响的一个。

艾儒略

艾儒略（1582～1649），原名朱利奥·阿莱尼，艾是他本名
Aleni 第一字的译音，儒略是其圣名 Julio 的译音，字思及。他是意
大利人，出生于阿尔卑斯山脚下的布雷西亚。1603 年在帕多瓦大学
学习时，结识了德国传教士邓玉函（1576～1630）。由于他的聪慧
和刻苦学习，不久成为知名的神学家和数学家。利玛窦根据自己的
传教经验，写信给罗马教廷，建议派一批精通天文学、数学的教士
来中国传教，以取悦中国皇帝，便于天主教在中国立足。教廷认为
这是一个好主意。万历三十八年（1610）年底，艾儒略正是响应利
玛窦的召唤，在海上历经风浪后，到达澳门。旋即至内地广州、扬
州、陕西、山西、杭州、常熟、泉州、兴化等地传教。

《圣教信征》说艾儒略被目为"西来孔子"，这在中国外来宗
教传布史上是绝无仅有的，连利玛窦也无此殊荣。艾儒略结交的
上层权贵及学者名士很不少，包括大学士叶向高（1559～1627），
叶的两个孙子、一个孙媳、一个曾孙，都因艾儒略的劝说而加入
天主教；钱谦益的大弟子、后来以在桂林抗清殉难著名的瞿式耜
（1590～1650），也是由他亲自洗礼的。以著《名山藏》而蜚声学苑
的何乔远，也与他交好。巴黎国家图书馆有《熙朝崇正集》抄本
一册，第一集是福建士人所作，绝大部分都是赠给艾儒略的，达
七十一人之多。其中有几位并非福建人，而是流寓闽中的，但都有
一定的社会知名度。方豪先生曾将这些人的名字一一列出，[29]这部
《崇正集》真是集一时之盛。

艾儒略与叶向高的交往，最为时人注目。天启四年（1624），叶

向高罢相归田，路过杭州，特意邀请艾儒略去福建。艾儒略一度住在叶向高家，论学论道，后来著有《三山论学记》。叶向高有诗题名《赠西国诸子》，实际上主要就是赠艾儒略的，诗曰：

> 天地信无垠，小智安足拟！爰有西方人，来自八万里。言慕中华风，深契吾儒理。著书多格言，结交皆贤士。淑诡良不矜，熙攘乃所鄙。圣化被九埏，殊文表同轨。拘儒徒管窥，达观自一视。我亦与之游，泠然得深旨。[30]

同安人池显方的赠诗，题名《赠远西艾思及》，诗谓：

> 尊天天子贵，绝徼亦来庭。邹衍之余说，张骞所未经。五洲穷足力，七政佐心灵。何必曾闻见，成言在窅冥。[31]

何乔远的赠诗，有"并存宇宙内，谁复加臣仆"句，尤其耐人寻味。全诗是：

> 天地垂广远，日月转双毂。谁谓有覆帱，光明不照烛？其间名为人，谁不同性欲？有欲必有性，完本在先觉。艾公九万里，渡海行所学；其道在尊天，岂异洙泗躅？天地大矣哉，不是无胫足。安得一人教，普之极缅邈。惟此一性同，不在相贬驳。且吾孔圣尊，其西则葱竺。并存宇宙内，谁复加臣仆？维此艾公学，千古入旸谷。吾喜得斯人，可明人世目。顾虽兼行持，蘧庐但一宿。善哉艾公譬，各自返茅屋。临歧申赠辞，证明在会续。[32]

汤若望

汤若望，原名 Johann Adam Schall Von Bell，德国科隆人，生于1591年，幼年肄业于本城耶稣会学校，1611年进耶稣会。他的第二个领洗名是"亚当"，于是取与"当"字声音近似的"汤"为中国姓；"若望"是他第一个领洗名，有的文献中也写作"如望""儒望"。儒学祖师爷之一孟子曾谓："禹恶旨酒而好善言，汤执中，立贤无方，文王视民如伤，望道而未之见。"汤若望据此而字"道未"。天启二年（1622），汤若望与金尼阁等一起来我国，先至广州，后去北京学习华语。在此期间，他曾三次预测月食，都很准确，从而声名大振。他是利玛窦之后最有影响的传教士，对中国的政治、历法，都产生过很大影响。

汤若望与顺治皇帝的密切关系，被一些传教士惊叹为奇遇。顺治亲政后，对汤若望优礼有加，尊称他为"玛法"（满语，即可敬的爷爷），并曾感慨言之："玛法为人无比，别的人并不是爱我，只是为利禄而当官，所以常来求恩，他却表示对恩宠已满足，这真是不爱利禄爱君主啊！"[33] 给他戴上"通玄教师"的桂冠，主持钦天监，这在中国历史上是没有先例的。从顺治八年（1651）至十四年（1657），顺治曾二十四次去汤若望馆舍，与他交谈。

汤若望对顺治帝颇具影响力。其中最重要的，有两件大事：一是顺治十六年（1659）七月郑成功率抗清大军北上，由长江西行，攻克南京，消息传来，顺治皇帝大惊，产生逃回关外的念头。经皇太后叱责后，竟暴跳如雷，拔出宝剑，劈碎御座，声言要亲自出征，去南方讨伐郑成功。谁也没法劝阻他。北京的各城门已贴出布告，表示皇上即将御驾亲征。这种轻率的冒险行为，引起京中各个阶层的普遍惊慌。汤若望到宫中，向顺治皇帝呈上奏疏，恳求他不可这样做，不要把国家置于危险的境地。顺治皇帝终于冷静下来，放弃亲自出征的打算，各城门又贴出新的布告，说明皇帝的出征已作罢。此事汤若望撰的回忆录有详细记载，木陈道忞的《北游集》也有简略记载，陈垣先生认为，汤若望的记载是可信的。[34]第二件大事是：确定康熙为顺治的接班人。清初龚鼎孳著文称颂汤若望的种种功德，有谓："最后则直陈万世之大计，更为举朝所难言。"这是指顺治议立嗣皇时，曾询问过汤若望，"若望以康熙曾出痘，力主之，遂一言而定"。[35]

汤若望与朝野上下很多人都有交谊。顺治十八年（1661），汤若望七十寿辰，京中大员纷纷庆贺，金之俊（曾任吏、兵、工三部尚书）称赞若望"匡赞英主"，"非以术教而以身教"，"名业尊显，不以形骄倨，士大夫之朝夕习于先生者，钦其卑牧，饮其和醇"。魏裔介（翰林院国史院庶吉士）则称颂他的品德、学问，以及犯言直谏："器大神宏，无愧于古之圣贤"，"青天白日行事，光风霁月襟怀"，"博物君子，学贯天人"，"为西海之儒，即中华之大儒可也"，"知无不言，言无不尽，而国家大事，有关系安危者，必直言以争之；虽其疏章谨密不传，然而调燮斡旋，不止一端……所谓以犯言敢谏为忠，救时行道为急者，先生之谓也"。[36]一些名士还赠诗给汤若望，邵甗诗有"教主一天非异术，功专七克化群才"云云，"七克"指神修书《七克》。

康熙五年（1666）八月十五日，汤若望弃世。他的墓，历经三百多年的风风雨雨，至今仍保存完好（今北京市委党校内），不时有中外人士前往凭吊。

大顺军、大西军与传教士

陕西是明末农民运动的发祥地，更是李自成（1606～1645）大顺军的立足点。天启五年（1625），金尼阁（法兰西人）神甫应陕西人王征、张缥芳之邀，来到三原。半年后，住到西安城内。其后，经金尼阁、汤若望、郭纳爵（葡萄牙人）、梅名高（葡萄牙人）等传教士和中国信徒的努力，至崇祯十二年（1639），西安府已"共有教友一二四〇"人，[37]影响不可低估。此时农民大起义的烈火，早已成了燎原之势。有无耶稣会信徒参加农民军，至今没有发现确切的材料予以断定。崇祯十六年（1643）十一月，李自成攻克西安，名曰称王，实已称帝。对于西安城内的耶稣会士，大顺军以礼相待，加以保护。破城后"被获"的传教士郭纳爵、梅名高曾被农民军的负责官员讯问，得知他俩是"远道来华，惟为阐明真教，因即命释放，并禁骚扰教堂"。[38]可见大顺军对传教士的态度是友好的。

　　耶稣会在北京传布的规模，远胜西安。早在万历三十三年（1605），利玛窦即在宣武门建立教堂，通称"南堂"。从崇祯十一年（1638）到十五年（1642），北京城内外受过耶稣会洗礼的人，即达两千九百七十九名。崇祯十七年（1644）三月，大顺军攻克北京，明朝灭亡。在大顺军进入北京之前，外国传教士决定逃离北京。但是，有位教士拒绝传教会长龙华民（意大利人）的劝告，继续留在教堂内。此人即汤若望。这样，汤若望就成了李自成进京后的历史见证人。后来，他在回忆录中，做了生动的记述。据汤若望记载，大顺军刚进城，有过局部的盲目屠杀行为，汤若望等人因此把教堂大门紧闭。但屠杀旋即被农民军领导人制止，教堂的门重新打开。一些农民军走进去，好奇地看着里面陌生的一切，没有发生任何不友好行为。只是经过教堂的允许，他们取走了一条绒毡。第二天，在教堂门口"挂有牌示一方，上书勿扰汤若望的命令"[39]。此后，教堂一直受到农民军的保护。在李自成进京的三天后，汤若望曾应邀进宫去见了农民军的一位领袖，受到他的茶酒款待，并留晚餐。

此人当为农民军的高级将领刘宗敏。此后，汤若望也邀请过几位农民军的头头，去教堂做客。正是由于大顺军对耶稣会士态度友好，保护教堂，汤若望才敢把教堂作为一些妇女特别是耶稣会女教友的庇护所，还庇护过明朝的官员。如陈名夏（崇祯进士，官修撰，兼户兵二科都给事中），就曾躲在天主堂，想上吊自杀，被汤若望极力劝阻。[40]不久，陈名夏即投降李自成，在大顺政权担任户部都给事兼兵科都给事。[41]在此期间，汤若望还"日夜往慰诸教民，不遗一人"[42]，尽了他作为传教士的职责。

大顺军在山海关被满汉联军打败，撤出北京时，曾在城内纵火，焚烧宫殿、城楼、民舍，幸被百姓救灭，损失不大；汤若望的房屋，"半为贼火焚毁，仅存天主、圣母二堂，并小屋数椽"，一些天文仪器也被毁，这是非常遗憾的。农民军放火，与当年项羽放火焚烧阿房宫一脉相承，是完全错误的。尽管如此，大顺军在西安、北京，毕竟实行过保护耶稣会士的政策，这是富有历史意义的。[43]

张献忠领导的大西军，与传教士也发生过关系。当时，在四川传教的天主教教士，主要是利类思、安文思。利类思（Ludovic Bugli），字再可（典出《论语·公冶长》："季文子三思而后行，子闻之，曰：再，斯可矣！"），意大利人，1606年生。崇祯十年（1637）来华，在江南传教，两年后，奉调进京参加修订历法。在京时，结识四川绵竹人阁臣刘宇亮。受他的邀请，于崇祯十三年（1640）入川传教。安文思，字景明，葡萄牙人，生于1609年。崇祯十三年来华，先在杭州传教，后于崇祯十五年（1642）入川协助利类思传教。张献忠部农民军在崇祯十七年（1644）九月五日攻占成都，十一月正式称帝，国号大西，建元大顺。关于张献忠与这两位教士的关系，《天主教传行中国考》记曰：

方献忠将近成都时，利类思、安文思两神父正避乱于绵竹县刘相国家。后为献忠所获，送至成都。成都天主堂已为乱兵所毁，教友死者过半。献忠命两神父制造天文仪器，翻译历书。初年款待尚好，乃性好疑忌，喜怒无常，屡欲置两神父于死地。两神父心怀惴惴，日备善终。一日，上书于献忠，谓历理深奥，臣等学识浅陋，求准往澳门，延访精通天文之人，并搜求各种仪器云云。献忠疑其欲逃也，指神父随侍之六七教友为主谋之人，执而杀之。又欲处两神父以极刑。未及动手，献忠……中箭而死。……及献忠败死，两神父为清兵所获……至北京。[44]

这一记载是可信的，但失之太简。记载张献忠与利类思、安文思关系最详细的史料，是法国传教士古洛东（Gourdon）的《圣教入川记》。[45] 从总的情况看来，张献忠对利类思、安文思，确实是优礼有加。利、安二人初见张献忠，是由原明朝县令、后投降张献忠的吴继善引见的。献忠已经知道利玛窦曾为万历皇帝所礼遇，故听说二人与利玛窦一样，是泰西学士，“遂发命令，遣礼部之官往迎之”。见面后，“献忠问泰西各国政事”，二位司铎应对如流，“献忠大悦，待以上宾之礼”，并请二人住在成都，“以便顾问”。此后，献忠还“命某大员携点心各色、绸缎数匹、白银百六十两、袍套各二件”，送给他俩。献忠还赐予徽号“天学国师”，“文武官员，各皆道贺”，极一时之盛。二人每月“由国库给银十两”。二人一再推辞，说每月得一两银足矣。献忠却真诚地说：“尔等不必固辞，以显吾之吝财。吾已为王，不能招待二位西方大贤，区区之惠，何足挂齿，须当收纳，不必固却。吾固知尔等无需银两，此不过聊表吾敬贤之心，非有以示富沽名而已。尔等当受之无却。"献忠曾向二位司铎询问西学，更经常问数学方面的问题，并"随同左右辩论，颇有心得。其知识宏深，决断过人，二司铎亦暗暗称奇"。献忠还令二位司铎造天球、地球，用红铜制成，另造日晷配合。完工后，献忠见之，"鼓掌称善，乐极快慰，惊奇不已"。并令厚赏利类思、安文思，连赞助这项工作稍有成绩的官吏，也"皆蒙升宫加级"。献忠有位老岳父，是位儒生，名字失考，他本人、其夫人、二子二女，全家老幼共三十二人，都加入了天主教。此老圣名伯多禄，其子圣名保禄。于此也不难看出利、安二人在大西军中的巨大影响。

但是，中西文化之间，本来就有很深的隔膜，要在旦夕之间消除，是难以想象的。何况张献忠是个文化水平甚低、恣情任性，精神也有些贵恙[46]的农民起义军的领袖——特别是在明军南犯、后更有清兵压境的形势下，张献忠的动辄暴怒、无端猜疑、滥开杀戒的性格，又不断发作起来。因此后来献忠又屡次找利、安二人的麻烦，甚至扬言要杀死他们，连他的岳父也被他处死。但是，即使在千钧一发之下，张献忠仍然头脑冷静下来，说："吾饶尔等之命，因尔等是外国人；若尔等是此地人，定受千刀万剐之刑。"因此，利、安二人，在与张献忠的交往过程中，虽后期不如前期，但仍然受到一定程度的优待。张献忠与传教士的交谊，是中外关系史上带有传奇色彩的一页。

第四节　大难临头见真情——患难之交

救助漂人

我国有漫长的海岸线，自古及今，常有因暴风而吹至我国海岸——尤其东南沿海的外国船只、失事船员及乘客，这些海难的遭遇者，古代称为漂人。从前述遣唐使、来华求学的学生和僧侣来看，其中不少人都当过漂人，得到过我国沿海人民及政府的大力救助。这一优良传统，一直代代相传。以明朝为例，终明之世，朝廷对海外诸国，采取睦邻政策。虽因防范海盗、倭寇，曾数次实行海禁，但并未妨碍对来华使节、商人、文化交流者，以友朋视之，对因暴风毁伤船只、入境避难的漂人，更关怀备至。现举数例，聊备一格。

正统四年（1439），暹罗国船因风漂至广东，市舶太监熊宣想趁火打劫，上疏请求对该船征税。英宗朱祁镇阅疏后，斥责熊宣"妄揽事权"，撤掉他提督广东市舶司的职务，"令回南京管事，以内官监太监毕真代之"。[47]在此期间，琉球国使者阿晋斯古、翻译沈志良驾船载瓷器等物往爪哇国买胡椒、苏木等物，至东影山遭到暴风袭击，吹折桅杆，该船遂被迫驶进附近福建港口，修理船只。大概他们担心会受到刁难，便假称是来华进贡的。没想到地方官认为他们"妄称进贡"，便连人带船扣押起来，并将船中货物和护船器械全部运到福州府大储库收存，听候处理。而此事的处理经过，则由巡按福建监察御史郑颙奏闻朝廷。朱祁镇闻报后，当即指出此事处理不妥，说："远人宜加抚绥，况遇险失所，尤可矜怜，其悉以原收器物给之。听自备物料修船，完日催促起程，回还本国。"[48]在英宗的亲自干预下，福建地方当局的错误行径很快得到了纠正。

万历庚子（1600）七月，上海川沙海面发现一艘倭船，有倭人四十九人，其中妇女五人。有位女孩才十五六岁，经询问，是琉球邑令之女，名阿梅，偕同伴到娘娘山烧香，却被飓风吹到中国海岸附近。松江府郡守许维新闻讯后，将他们接到城内织造局，予以款待。阿梅等一行在松江住了数月，后琉球来华朝贡使臣至，"许公遣人送至广东，乘便帆归故土"[49]。崇祯庚辰（1640）夏，上海川沙堡获海船一艘，内有朝鲜人二十一人。当局者盘问其事，其中有名梁成贵者能写汉字，遂笔答谓：他们是朝鲜国济州岛人，同往日本，被大风漂洋至此，希望能将他们送到山海关，由陆路归国。梁成贵一再解释：本国奉大明正朔，别无年号。"部使者以闻，诏归其国。"[50]万历壬寅（1602）五月，海风将六十位琉球百姓吹到南汇，"当路请归之"。但其中有位名爱灭麻各门的人，不幸病故。郡守许维新不仅置棺安葬，还悼之以诗曰："白雉同夷骨，华棺送此生。乡人哭尽返，异域冢旋成。宿草魂灵识，寒潮恨岂平。海壖风雨夜，徐市不胜情。"[51]他还叮嘱乡民，要保护爱灭麻各门的坟墓。

漂人来华，不仅增加了明朝和亚洲一些国家人民的友谊，还促进了中外文化交流。万历间，一位外国漂人在松江城内的超果寺，题诗于壁，前四句云："我来上国过新年，细嚼梅花咽水泉。老母倚门年八十，孤儿作客路三千。"音调凄楚，惜未终篇。松江诗人莨士特地续作，末两句是："欲上高楼漫回首，不禁双泪湿春烟。"
格调深沉，诗风与原作浑然一体。此亦中外人民交谊之佳话也。

孙中山脱险

1896 年 9 月 23 日，孙中山（1866～1925）由纽约赴英国，三十日抵黎花埠（Liverpool，今译利物浦）。当晚到达伦敦，第二天，他就去覃文省街 46 号拜访当年在香港西医书院（即今香港大学医学院前身）求学时的英国老师康德黎（曾任该校教务长）；4 月份在檀香山，孙中山曾"偶遇经檀返英的康德黎，告知将有英国之行，并相约在伦敦会见"[52]。拜访康德黎，受到康氏夫妇热情款待后，孙中山随后又去拜访了西医书院的另一位英国老师孟生（P. Manson，也曾任该校教务长）。两位老师均曾提醒孙中山"慎勿行近中国使馆，免坠陷阱"，但并没有引起孙中山的足够警惕。

10 月 11 日，孙中山被清政府驻英国使馆以诡计绑架囚于使馆内，准备租用格来轮船公司的一艘轮船，将孙中山偷运回国处死。事实上，孙中山的一举一动，早在清政府的侦伺之中。在孙中山抵英国前后，清政府总理衙门与驻美英使馆和领事馆联系频繁，一直派人跟踪并策划缉捕孙中山。中山先生被捕后，焦虑不安。在危难之中，幸亏得到使馆女工、英国人贺维（Howe）的帮助，她给康德黎写信，告知孙中山已被囚禁；次日，使馆清洁工、英国人柯尔（G. Kole）又替孙中山投寄致康德黎的求救书简。这两位普通英国工人都是下层贫民，替孙中山传递密信，是冒着万一走漏风声会被清使馆开除、失业的风险的。他俩的义举，大义凛然。康德黎闻讯后大惊，积极奔走，争取英国政府出面干预，解救孙中山，并告知新闻界。孟生也加入了营救行列。

英国外交部次长德森在接到康德黎写的中山先生被诱捕始末后，遂报告外交大臣萨里斯倍侯爵，得到他的指示，英国政府认为这种在英国境内的绑架行为，是侵犯人权的大案，也是对英国政府的不敬，政府决定干预到底。《地球报》《中央新闻》《每日邮报》《泰晤士报》先后刊出消息，谴责中国使馆任意捕人，侵犯英国权利和法律。10 月 22 日，英国政府正式照会清使馆，要求按国际公法和国际惯例，释放私捕人犯。在英政府及舆论的强大压力下，第二天，清使馆被迫释放孙中山。康德黎随英国外交部特派专员及苏格兰警署侦探长至清使馆，将中山先生接出使馆。

孙中山的这次蒙难经过，他后来著有（并由甘永龙编译）《伦敦被难记》[53] 一书，予以详述。英国政府的营救，正如孙中山在英国报纸上刊登的感谢信所说的那样，"予此次被幽禁于中国公使馆，赖英政府之力，得蒙省释"，自然是决定因素，但孙中山的老师康德黎、孟生及两位普通工人贺维、柯尔的雪中送炭、伸出援手，也起了至关重要的作用。而且，通过这一几乎轰动世界的案件，孙中山声名远扬。当时驻英武官凤凌曾在日记中无可奈何地写道："十九日获孙文案，反为该人成名。"[54] 这当然是清政府始料未及的。

聂荣臻救日本孤女

1940 年 8 月，八路军在彭德怀的指挥下，发起"百团大战"，给日寇以沉重打击。在进攻井陉煤矿的战斗里，八路军战士救起了两个日本小女孩，大的五六岁，小的还在襁褓之中。井陉火车站的日本副站长，是这两个女孩的父亲，受了重伤，经抢救无效死亡，他的妻子也在炮火中丧生。面对两个小孤女，战士们很同情，马上向晋察冀军区聂荣臻司令员请示如何处理。聂司令当即答复他们：

立刻把孩子送到指挥所。

孩子送到后，聂司令先抱起那个受伤的婴儿，他看到伤口包扎得很好，孩子正安详地入睡。他嘱咐医生和警卫员好好护理这个孩子，并让人打听附近村里是否有正在哺乳期的妇女，快给这个孩子喂奶。聂司令牵着那个大女孩的手，给她吃梨，他很喜欢这个女孩。安顿好两个小孩后，聂司令让炊事员做了一盆稀饭，抱起大女孩，亲自用小勺喂她。通过翻译，知道这个女孩叫美穗子。此后，美穗子一直跟着聂司令员，常常用小手拽着他的马裤腿，惹人怜爱。经过反复考虑，聂司令觉得还是将这两个女孩送回去为好：她们如能平安地回到日本故土，尽管父母已双亡，但总会有些亲戚照顾她俩，比留在中国好。何况残酷的战争不知何时结束，环境也太艰苦。后来，他找了一个可靠的老乡，用挑子把两个小孩送往石家庄。他和指挥所的同志担心孩子在路上哭，还在筐里放了不少梨子。

聂司令给日本官兵写了一封信，让这个老乡拿着。现将此信的原文节引如下：

日本军官长、士兵诸君：

日阀横暴，侵我中华，战争延绵于兹四年矣。中日两国人民死伤残废者不知凡几，辗转流离者，又不知凡几。此种惨痛事件，其责任应完全由日阀负之。

此次我军进击正太线，收复东王舍，带来日本弱女二人。其母不幸死于炮火中，其父于矿井着火时受重伤，经我救治无效，不幸殒命。余此伶仃孤苦之幼女，一女仅五六龄，一女尚在襁褓中，彷徨无依，情殊可悯。经我收容抚育后，兹托着人送还，请转交其亲属抚养，幸勿使彼辈无辜孤女沦落异域，葬身沟壑而已。……

我八路军本国际主义之精神，至仁至义，有始有终，必当为中华民族之生存与人类之永久和平而奋斗到底，必当与野蛮横暴之日阀血战到底。深望君等幡然觉醒，与中国士兵人民齐心合力，共谋解放，则日本幸甚，中国亦幸甚。

专此即颂

安好

聂荣臻

8 月 22 日[55]

这封信没有加封。两个小女孩送交日军后，日军回了信，说八路军这样做，他们很感谢。以后，美穗子回到了日本，长大成人。[56]她的小妹妹则因伤重死于石家庄医院。

抢救美军飞行员

在第二次世界大战中，中美两国人民曾共同抗击日本法西斯侵略者，结下深厚的战斗友谊。在反法西斯战争的后期，美国空军经常出动飞机去奔袭、轰炸日本本土的军事、战略目标。因种种原因，飞机曾经好几次失事，坠落在中国沿海地区，都受到了中国人民的积极营救、救死扶伤、安全转移，成为中美两国关系史上的动人篇章。

1944 年 2 月 11 日，美军著名将领陈纳德将军率领的第十四航空队的飞行员指挥兼教官敦纳尔·克尔中尉，率领二十架战斗机从桂林机场起飞，护卫十三架轰炸机袭击九龙日军的启德机场。在香港上空，与日本空军激战，克尔的座机不幸中弹起火，克尔被迫跳伞逃生。他被南风吹到机场北面新界观音山上空，慢慢降落。日军见状，即派出搜索部队，向观音山进发。这时，中国共产党领导的华南抗日武装东江游击纵队港九独立大队手枪队员、年仅十四岁的少年李石刚好送信路过此地，看到克尔，判定他是抗日盟军成员，就用手势招呼他快跟自己跑，来到观音山外的芙蓉别村附近的一个山坳里。李石将克尔藏在隐蔽处，就跑到村里找到港九独立大队负责民运工作的女同志李兆华。李兆华见日寇已一边开枪一边追过来，就立即让人将克尔转移到较为偏僻的吊草岩山坳处隐藏起来。随后，她得悉日军已出动上千人包围这一带，便又机智地将克尔转移到日军据点附近的北围村山窝里。这里处在日军的眼皮底下，反而安全。为解救克尔，港九独立大队手枪队用"调虎离山计"，在日军心脏地区开展麻雀战，骚扰敌人。日军惶惶不安，被迫抽回部分兵力。一个星期后，克尔被游击队员辗转送到东江纵队司令部。不久，克尔就安全地回到了桂林第十四航空队队部。同年6月11日，东江纵队《前进报》刊登了克尔的感谢信和五幅他本人画的脱险经过的漫画。信中写道："我2月11日给你们勇敢的人安全地和舒适地在敌人中间藏匿起来……中国抗战已赢得全世界的景仰，而我们美国人亦以能与你们如兄弟般一同作战而自傲，在战争里以及在和平的时候，我们永远是你们的同志。"[57] 后来，这次营救克尔的行动，被拍成电影——《一个美国飞行员》，在各地上映。

　　1944年农历七月中旬，美国空军奥利渥·欧斯德尔等十一人，驾驶"超级航空堡垒"B—29型远程重型轰炸机，从重庆起飞，准备去日本轰炸。但刚飞到黄海，发动机发生故障。他们把炸弹扔到黄海后返航，经渤海飞回，离陆地还有二三里，就不能继续飞行了，被迫跳伞。其中有四名同伴提前跳伞，葬身海底。在陆地跳伞的七名机组人员，降落在冀东昌黎县靠近渤海的小渔村后七里庄附近。在中共昌黎县委的救护下，七名机组人员全部平安地进入村内，住在村里比较宽敞的正房里。身材较高的群众，主动送来裤褂，换下美国友人被雨水淋湿的衣服。妇救会的妇女，又将这些脏衣服洗净、缝好。这个村子虽然贫穷，老百姓每天仅以稀粥果腹，却从村外找来粳米做饭，给他们吃鸡蛋、花生、香瓜。十多天后，经过滦东地委、冀热边特委、冀东军区的安排，特派冀东主力部队保护，并有武工队掩护，美国友人穿过日军的封锁线，后由晋察冀军区转送到延安。这时已是1945年的早春，整整走了半年，行程约四千五百里。在延安八路军总部，美国朋友受到了毛泽东、周恩来、朱德的接见并宴请，还赠送每人一条延安土制毛毯作纪念。抗战胜利后，七位美国朋友返回美国。[58]

1944年8月20日晚8时许，一架重型轰炸机坠落在江苏省建阳县（今建湖县）六区湖桥乡金桥村的一块稻田里。这是著名的第十四航空队的一架B—29型轰炸机。这架飞机曾多次去日本进行轰炸，这是第四次去日本。不料返航时，引擎发生故障，十二名机组人员分批跳伞。第一、第二批因降落在黄海中和敌占区，均遭不幸。第三、第四批机组人员，降落在建阳县境，得到了抗日根据地政府及人民的及时救助。由于这几位美国友人的降落地点及飞机坠落处离日伪军盘踞的县城湖垛镇很近，日伪军闻风而动，日军中队长近藤带领一百余人，企图抢夺飞机及飞行员。新四军建阳县总队长王良太[59]率领数十名战士冒雨赶到，在民兵的支援下，与敌激战四小时，敌军被重创后逃跑，我军机枪班长李绍义等四名战士，献出了年轻的生命。美军威廉·萨沃依中校（大队参谋长）、斯特尔马克中尉（工程师）、奥布赖恩上尉（领航员）、卢茨中尉（副驾驶，黑人）、布伦迪奇（上士，射击手）等五人都被及时送到二区区政府，受到热情款待。后又在高作的大卜舍住了几天，[60]送到新四军三师师部所在地益林镇，受到师参谋长洪学智和数千名战士、群众的盛大欢迎。随后，黄克诚师长、张爱萍副师长又接见了他们，并召开了欢迎晚会。[61]一星期后，他们又被护送到新四军军部，受到了盛情款待。当时正是国共合作时期，军部将五名美国飞行员送到与大别山接壤的国民党所属李品仙部队。他们辗转三个多月，经过艰难的跋涉，由国民党军队妥为护送，终于安全地回到大本营——成都空军基地。抗战胜利后，他们都返回美国故乡。[62]

注 释

[1]《全唐诗》卷一三八，储光羲，三。

[2][4] 同上书，卷二〇五，包佶。

[3] 同上书，卷一二九，赵骅。

[5] 同上书，卷一二七，王维，三。

[6] 同上书，卷一八四，李白，二四。

[7] 梁容若：《中日文化交流史论》，商务印书馆 1985 年版，第 133 页。

[8]《朝花夕拾·藤野先生》，《鲁迅全集》第 2 册，第 308 页。

[9] 新华社记者：《增田涉回忆鲁迅》，载《人民日报》1976 年 9 月 8 日。

[10] 刘德有：《鲁迅·藤野·中日友谊》，载《人民日报》1978 年 8 月 14 日。

[11] 龚济民：《郭沫若与小野寺》，载《郭沫若学刊》1988 年第 1 期。

[12] 于青：《文求堂与郭沫若》，载《人民日报》1991 年 2 月 24 日。

[13] 转见魏奕雄《郭沫若与田中庆太郎》，载《郭沫若学刊》1992 年第 1 期。

[14] 玄奘撰，章巽校点：《大唐西域记》卷五，第 110 页。

[15] 杨廷福：《玄奘论集》，第 118—119 页。

[16]《慈恩传》卷五。

[17]《唐大和上东征传》。见《鉴真研究论文集》，第 141 页。

[18] 同上书，第 157 页。

[19] 梁容若：《中日文化交流史论》，第 141 页。

[20]《新请来经等目录》，转引自上书，第 142 页。

[21]《遍照发挥性灵集》卷二，转引自上书，第 145 页。

[22] 参见林金水《与利玛窦交游的中国人物表》，载《中外关系史论丛》第 1 辑，
世界知识出版社 1985 年版，第 119—143 页。按：此表详实，但仍有遗漏。

[23]《利玛窦中国札记》，中华书局 1983 年版，第 180 页。

[24] 钱杭：《李贽与利玛窦的几次会见》，载《学林漫录》第 3 集。

[25]《明史》卷二五一《徐光启传》。

[26] 分别刻于苏州、南京。

[27] 梁家勉编著：《徐光启年谱》，上海古籍出版社 1981 年版，第 64 页。

[28] 张顺洪：《引进西学的先行者——徐光启》，载《中西文化交流先驱》，东方出版社 1993 年版，第 63 页。

[29]《中国天主教史人物传》上册，第 186—187 页。

[30] 刘侗、于奕正：《帝京景物略》，北京古籍出版社 1983 年版，第 153—154 页。

[31] 同上书，第 154 页。

[32] 转引自《中国天主教史人物传》上册，第 188 页。

[33] 转引自《中西文化交流先驱》，第 110 页。

[34] 陈垣：《汤若望与木陈忞》，见《陈垣史学论著选》，上海人民出版社 1981 年版，第 436—437 页。

[35] 方豪：《中国天主教史人物传》中册，中华书局影印本，第 11 页。

[36] 均见《赠言合刻》，原书藏慕尼黑大学图书馆。此处转引自《中国天主教史人物传》中册，第 10—11 页。

[37] 徐宗泽：《中国天主教传教史概论》，圣教杂志社 1938 年版，第 321 页。

[38] 圣教杂志社编：《天主教传入中国概观》，台北文海出版社，第 64 页。

[39] 魏特著、杨丙辰译：《汤若望传》，商务印书馆 1949 年版，第 119 页。

[40] 谈迁：《北游录》纪闻上，汤若望条，中华书局 1960 年版，第 277—278 页。

[41]《汤若望奏疏》，奏疏部分第 1—3 页，顺治刻本，中国科学院图书馆藏。

[42] 费赖之著、冯承钧译：《入华耶稣会士列传》，商务印书馆 1938 年版，第 196 页。

[43] 参见王春瑜《大顺军与耶稣会士关系史实初探》，见《明清史散论》，第 279—280 页。

[44] 转引自方豪《中国天主教史人物传》中册，第 82—83 页。

[45] 此书根据抄本所载利类思、安文思在四川事迹写成，初版于 1918 年，四川人民出版社 1981 年重印。本节所引材料，均见于此书。

[46] 从各种文献记载看来，笔者认为，张献忠起码也患有歇斯底里症。利类思、安文思认为他患有精神病。见《圣教入川记》，第 22 页。

[47] 徐学聚：《国朝典汇》卷二〇〇《市舶》。

[48] 余继登：《典故纪闻》卷一一，中华书局 1981 年版。

[49] 吴履云：《五茸志逸》卷二，上海史料丛编本，1961 年。

[50] 吴履云：《五茸志逸》卷一。

[51] 同上书，卷六。

[52] 《孙中山年谱》，中华书局 1980 年版，第 32 页。

[53] 商务印书馆于 1912 年出版。

[54] 转引自陈廷一《孙中山伦敦蒙难始末》，载《炎黄春秋》1995 年第 12 期，第 39 页。

[55] 《聂荣臻回忆录》中册，解放军出版社，第 513 页。

[56] 1980 年，报纸上刊出姚远方的文章《日本小姑娘，你在哪里？》，引起巨大反响。日本记者终于在九州找到了美穗子。她和家人来华探望，高龄的聂荣臻元帅接见了他们，成为中日人民友好的佳话。

[57] 李兆华：《掩护美国飞行员脱险记》，载《纵横》1984 年第 4 期，第 74 页。本文是由李兆华口述，刘百粤、邓镇坚、李招培整理的。

[58] 史向荣：《和平玫瑰传友谊——营救美国飞行员纪实》，载《纵横》第 1 期，第 107 页。1973 年夏天，奥利渥·欧斯德尔的遗孀阿玛利亚·欧斯德尔及其小女儿曾专程来华，并献给毛泽东、周恩来两株和平玫瑰，后来邓颖超将这株玫瑰栽在中南海院中，它茁壮成长，成了中美友谊之花。

[59] 建国后曾任 38 军军长、兰州军区副司令员。

[60] 当时笔者正值童年，曾随大人一起去大卜舍看这几位美国人及降落伞，亲眼看到村民对他们的友好情谊。

[61] 戴文兵：《抢救美军飞行员纪闻》，载《古今掌故》第 2 辑，四川社科院出版社 1987 年版，第 134 页。

[62] 《水乡壮歌——建湖人民革命斗争史》，南京大学出版社 1994 年版，第 143 页。按：1984 年 6 月，我国国防部长张爱萍上将在应邀访美时，曾与威廉·萨沃依、布伦迪奇、卢茨亲切会面，共进午餐。在座的布伦迪奇夫人对张爱萍说："中国人民是我丈夫的救命恩人！"新闻媒体纷纷报道，一时传为佳话。

中国人的情谊

辑
四

第一节　相逢且莫推辞醉

自拔金钗付酒家

酒是国人交谊的重要手段。据唐人孟棨《本事诗》记载，唐代大诗人李白初抵长安时，另一位著名诗人贺知章（659~744）闻讯后，就到李白的住处去拜访。一见面就为李白的堂堂仪表与翩翩风度所倾倒，看了李白的文章，赞美不已。而展读李白的《蜀道难》这首诗，还没读完，更连声惊叹"真乃谪仙！"随即解下自己身上佩戴的金龟，换酒与李白痛饮，至醉方休，从此成为挚友。

杜甫的名诗《赠卫八处士》谓：

人生不相见，动如参与商。今夕复何夕，共此灯烛光。少壮能几时，鬓发各已苍。访旧半为鬼，惊呼热中肠。焉知二十载，重上君子堂。昔别君未婚，儿女忽成行。怡然敬父执，问我来何方。问答未及已，儿女罗酒浆。夜雨剪春韭，新炊间黄粱。主称会面难，一举累十觞。十觞亦不醉，感子故意长。明日隔山岳，世事两茫茫。

在潇潇夜雨中，摇曳的烛光下，酒给一别二十年的老朋友话旧时平添了多少温馨！孟浩然的《过故人庄》诗谓："故人具鸡黍，邀我至田家。绿树村边合,青山郭外斜。开轩面场圃,把酒话桑麻。待到重阳日,还来就菊花。""把酒话桑麻",同样洋溢着浓浓的友情。在饮酒叙旧话友谊中,少不了忙里忙外招待客人的家庭主妇或姊妹、女儿的辛劳。某些家庭的一些妇女,也参与宴客,和来宾共酌。更有热情好客的妇女,千方百计地沽酒待客。清朝诗人吴锜与妻子庞畹,皆善诗,真正是夫唱妇和。但他们的家境贫寒,客人来访,怎么办呢?庞畹的《琐窗杂事》诗写道:"夫婿长贫老岁华,生憎名字满天涯。席门却有闲车马,自拔金钗付酒家。"[1]以自己的金钗换酒招待来客,庞畹是多么重视友谊。

在人们的交谊中,往往是一杯在手情无限,相逢何必曾相识。王维的《少年行》诗谓:"新丰美酒斗十千,咸阳游侠多少年。相逢意气为君饮,系马高楼垂柳边。"表明只要是意气相投,哪怕是头一次见面,也可以垂柳系马,边饮边聊,建立友谊。元朝散曲作家张可久(约1270年前~1340年后)写过《[中吕]红绣鞋·春日湖上》二首,其第二首是:

　　　　绿树当门酒肆,红妆映水鬟儿。眼底殷勤座间诗。尘埃三五字,杨柳万千丝。记年时曾到此。[2]

回首往事,张可久对几年前结识的卖酒姑娘的情影,记忆犹新,物是人非,酒痕难觅,不禁怅然若失了。

明清之际的史学家、文学家张岱,曾写过一篇优秀的散文《湖心亭看雪》,文谓:

　　　　崇祯五年十二月,余住西湖。大雪三日,湖中人鸟声俱绝。是日,更定矣,余拏一小舟,拥毳衣炉火,独往湖心亭看雪。

雾凇沆砀，天与云、与山、与水，上下一白，湖上影子，惟长堤一痕，湖心亭一点，与余舟一芥、舟中人两三粒而已。到亭上，有两人铺毡对坐，一童子烧酒炉正沸。见余大喜曰："湖中焉得更有此人！"拉余同饮。余强饮三大白而别。问其姓氏，是金陵人，客此。及下船，舟子喃喃曰："莫说相公痴，更有痴似相公者。"[3]

大雪之夜，在西湖湖心亭同饮赏雪，这样的情谊，肯定是终生难以忘却的。

张岱在《陈章侯》[4]一文中写道：

……八月十三，侍南华老人饮湖舫，先月早归。章侯怅怅向余曰："如此好月，拥被卧耶？"余敦苍头携家酿斗许，呼一小划船再到断桥，章侯独饮，不觉沾醉，过玉莲亭。丁叔潜呼舟北岸，出塘栖蜜橘相饷，畅啖之。章侯方卧船上嚣嚣，岸上有女郎，命童子致意云："相公船肯载我女郎至一桥否？"余许之。女郎欣然下，轻绡淡弱，婉嬺可人。章侯被酒挑之曰："女郎侠如张一妹，能同虬髯客饮否？"女郎欣然就饮。移舟至一桥，漏二下矣，竟倾家酿而去，问其住处，笑而不答。章侯欲蹑之，见其过岳王坟，不能追也。[5]

在皎洁的月光下，三杯两盏淡酒，不仅重温着张岱与大画家陈老莲的友情，还引发月明湖上美人来的浪漫故事，别有风情在。

人生常恨别离多。为友人饯别，或在家中，或在园林，或在十里长亭，都离不开酒。唐朝诗人宋之问（？～712）的《遂州南江别乡曲故人》诗谓："楚江复为客，征棹方悠悠。故人悯追送，置

明刊本插图之农村酒馆

酒此南洲。平生亦何恨，凤昔在林丘。违此乡山别，长谣去国愁。"
王维的《渭城曲》（一作《送元二使安西》）更是家喻户晓："渭城
朝雨浥轻尘，客舍青青柳色新。劝君更尽一杯酒，西出阳关无故
人。"李白的《金陵酒肆留别》，也是一首广为传颂的名诗："风吹
柳花满店香，吴姬压酒劝客尝。金陵子弟来相送，欲行不行各尽
觞。请君试问东流水，别意与之谁短长。"他的《广陵赠别》，同样
也散发着酒香，饱含友情："玉瓶沽美酒，数里送君还。系马垂杨
下，衔杯大道间。天边看绿水，海上见青山。兴罢各分袂，何须醉
别颜。"南宋词人辛弃疾（1140～1207）的《滁州送范倅》，则写出
老来别酒怯流年、友情更珍贵的心境：

老来情味减，对别酒、怯流年。况屈指中秋，十分好月，不照人圆。无情水都不管，共西风只管送归船。秋晚莼鲈江上，夜深儿女灯前。

征衫，便好去朝天，玉殿正思贤。想夜半承明，留教视草，却遣筹边。长安故人问我，道愁肠殢酒只依然。目断秋霄落雁，醉来时响空弦。[6]

万历二十三年（1595）进士、任过户部主事等职的侯官人曹学佺（字能始，1574～1646）在《豫章朱苻斯宗侯逸园雨中宴别屠太初之南海罗敬叔之武昌李林宗之白下孙泰符之剑江欧阳于奇之毗陵予还广陵》一诗中，写道：

满堂游子叹飘蓬，无数离情细雨中。
飞盖西园因卜夜，挂帆南浦待分风。
岂知江海经年别，不见关山去路同。
他日相思非一水，尺书何处寄春鸿。[7]

在花园的斜风细雨中酌别，友人之间，当平添"一怀愁绪，几年离索"，因而也就更显得友情的珍贵了。

李叔同创作了歌词《送别》，广泛传唱，至今不衰。词曰：

长亭外，古道边。芳草碧连天。晚风拂柳笛声残，夕阳山外山。

天之涯，地之角，知交半零落。一瓢浊酒尽余欢，今宵别梦寒。

这也许是古今把酒为友人送别的诗词中，最哀婉的一首。其实，一瓠浊酒饮尽，恐怕只能使人更加不忍与友人相别在今朝了。

酒店新开在半塘

友人雅集，或庆贺结交、订谊，往往离不开酒楼、酒店。春秋战国时，酒店已很普遍。著名小个子政治家晏子就曾经说过："人有酤酒者，为器甚洁清，置表甚长，而酒酸不售。"表明当时的酒店已有广告：酒望。汉唐之时酒店，相当兴旺。宋代杭州的酒店，五花八门，有"酒肆店、宅子酒店、花园酒店、直卖店、散酒店、庵酒店、罗酒店"[8]等。所谓"庵酒店"，"谓有娼妓在内，可以就欢于酒阁内，暗藏卧床也"。在明代，酒店更是遍布城乡。早在明朝初年，明太祖朱元璋（1328～1398）即下令在南京城内建造十座酒楼。史载：

> 洪武二十七年，上以海内太平，思与民偕乐，命工部建十酒楼于江东门外。有鹤鸣、醉仙、讴歌、鼓腹、来宾、重译等名。既而又增作五楼，至是皆成。诏赐文武百官钞，命宴于醉仙楼，而五楼则专以处侑歌妓者……宴百官后不数日……上又命宴博士钱宰等于新成酒楼……太祖所建十楼，尚有清江、石城、乐民、集贤四名，而五楼则云轻烟、淡粉、梅妍、柳翠，而遗其一，此史所未载者，皆歌妓之薮也。[9]

这些酒楼相当豪华，酒香四溢，艳姬浅唱，有幸登临者，无不难忘今宵。不少官员、文士、商人，常常在这些酒楼宴客会友。明初江西临川人揭轨，曾写诗咏其事谓："诏出金钱送酒垆，绮楼胜会集文儒。江头鱼藻新开宴，苑外莺花又赐酺。赵女酒翻歌扇湿，燕姬香袭舞裙纤。绣筵莫道知音少，司马能琴绝代无。"[10]

　　在苏州，到了晚明，"戏园、游船、酒肆、茶店，如山如林"。[11]城中酒店之多固不必说，在郊区的十里山塘，也是酒馆林立，接待游览虎丘的人们。有首打油诗描写此类酒馆的情景谓："酒店新开在半塘，当垆娇样幌娘娘。引来游客多轻薄，半醉犹然索酒尝。"[12]在南京、苏州、杭州、扬州等地，还有专门的酒船。载客泛舟于湖上，在浅酌低吟、檀板笙歌中，饱览江南的湖光山色。在别的地方，酒馆也多得惊人。有一个县，仅县衙门前的酒店即不下二十余家。[13]学者胡侍甚至惊呼："今千乘之国，以及十室之邑，无处不有酒肆。"[14]一般说来，小酒店比起大酒楼更富有人情味。有这样多的酒店、酒楼存在，就为很多人的交谊提供了合适的场所。

第二节 寒夜客来茶当酒

柴米油盐酱醋茶

明朝浙江余姚有位王德章先生，曾口占一诗曰："柴米油盐酱醋茶，七般都在别人家。我也一些忧不得，且锄明月种梅花。"[15] 这就是至今仍在民众口语中流传的"开门七件事"。"开门七件事"的说法，至迟在宋朝，已经出现在人们的口语中。当时的说法是："早晨起来七般事，油盐酱豉姜椒茶"[16]，或"柴米油盐酒酱醋茶"，成了"八件事"。但从元代直至明代，"开门七件事"的叫法及内容，终于定型，也就是柴、米、油、盐、酱、醋、茶。[17] 沿袭至清朝、民国而至今日，并无变化。[18] 这充分表明，茶在国人的生活中占有重要地位，也就势必影响到人们的交谊。

宋人杜小山的《寒夜》诗谓："寒夜客来茶当酒，竹炉汤沸火初红。寻常一样窗前月，才有梅花便不同。"这也可以看出清茶一杯，确实洋溢着浓浓的人情。好友在一起饮茶聊天，自是赏心乐事，而品茶、作诗，甚至联句，更是盛情难忘。大书法家颜真卿曾与几位好友在如水的月光下，一边饮茶，一边联句。他有《月夜啜茶联句》诗记其事曰："泛花邀坐客，代饮引清言（陆士修）。醒酒宜华席，留僧想独园（张荐）。不须攀月桂，何假树庭萱（李萼）。御史秋风劲，尚书北斗尊（崔万）。流华净肌骨，疏瀹涤心原（颜真卿）。

不似春醪醉，何辞绿菽繁（皎然）。素瓷传静夜，芳气满闲轩（陆士修）。"[19]北宋唐庚的《斗茶记》谓：

> 政和二年，三月壬戌，二三君子，相与斗茶于寄傲斋，予为取龙塘水烹之，而第其品。以某为上，某次之。某闽人，其所赍宜尤高，而又次之，然大较皆精绝……吾闻茶不问团锈，要之贵新，水不问江井，要之贵活，千里致水，真伪固不可知，就令识真，已非活水……今吾提瓶走龙塘，无数十步，此水宜茶，昔人以为不减清远峡。……罪戾之余，上宽不诛，得与诸公从容谈笑于此，汲泉煮茗，取一时之适，虽在田野，孰与烹数千里之泉，浇七年之赐茗也哉！[20]

唐庚字子西，中进士，为宗子博士，终承议郎。他曾经为贡举事栽了大跟斗，连累他的哥哥唐伯虎也坐了一年多大牢，并被拷打得遍体鳞伤。这场官司久久不能定案，后遇大赦得以释放。因此，痛定思痛，唐庚觉得虽罢官为民，能与好友在一起品茶，不啻是如天之福了。

当然，在古代，饮茶毕竟属富裕阶层——所谓有闲阶级生活的一部分。对于胼手胝足、衣食不周的广大贫民来说，是很少有人能饮到好茶的。即使饮的自制土茶、锅巴茶、焦米茶、竹叶茶之类，也不会有繁文缛节。而对官员、富豪者、名士来说，情形自然大不一样。《世说新语》记载说："任瞻字育长，少时有令名，自过江失志。既下饮，问人云：'此为茶[21]为茗？'觉人有怪色，乃自申明云：'向问饮为热为冷耳！'"可见任瞻连茶就是茗都不懂，也不知道茶皆热饮，尤其在正式场合——如宴饮之类。因此，他的这番话，都是煞风景的，难免别人皱眉了。

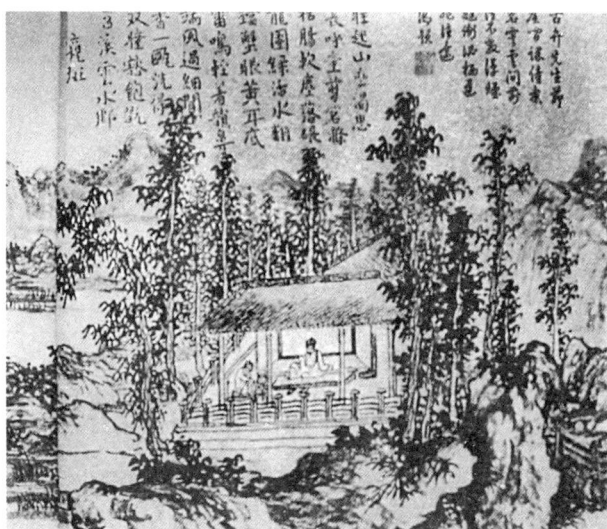

元人绘《陆羽烹茶图》(局部)

　　饮茶讲究儒雅、君子之风。倘如牛饮，或对小点心狂啖，或对夹有精致食品的特色茶猛喝，则有悖茶道，有损交谊。元代大画家倪云林为此甚至与人绝交。据载，云林素好饮茶，在无锡著名的"天下第二泉"惠山，用核桃、松子肉和真粉成小块如石状，置茶中，名曰"清泉白石茶"。有个叫赵行恕的先生，是宋朝宗室，但显然属于"金盆狗矢"之类，无文化修养。他仰慕云林的大名，前去拜访。坐定，云林让童子上茶，行恕觉得味道不错，便"连啖如常"，云林顿时不悦，说："我因为你是王孙，所以拿出好茶，你却一点儿不知道此茶的特殊风味，真是个俗物嘛！"从此与他断绝往来。[22]

　　也许是先民太重视茶谊、茶德，以致被异化，出现了神话故事。南朝宋刘敬叔著《异苑》，谓剡县陈务的妻子，年轻时与两个儿子居家守寡。一家人好饮茶茗。因为宅中有个古坟，每次饮茶就先祭祀它。两个儿子很不高兴地说："古坟知道什么，不是白费心意吗？"他俩想掘掉这座坟，母亲苦苦劝阻才未掘。当天夜里，她梦见一个人说："我住在这个坟里已经三百余年了，你的两个孩子常想毁掉它，全靠你保护，又给我好茶喝，我虽然是九泉之下的朽骨，怎能忘记报答你的恩情？"到天亮时，在庭院中获得铜钱十万，似乎埋在地下很久了，但穿的绳子却是新的。母亲将此事告诉两个儿子，他俩很惭愧。从此以后，他们给古坟祭奠供茶更勤了。[23]

与这个故事类似的，还有《广陵耆老传》的一则记载：晋元帝时，有个老太太，每天清早独自提一茶器的茶，到市上去卖。市上的人抢着买，可是自早到晚她的茶器里的茶却不曾减少。她卖茶所得的钱，全散给路旁孤老和贫穷的讨饭人。有人感到奇怪。州里的官员把她关进监狱。到夜里，这位老太太却拿着卖茶的茶器，从监狱的窗中飞出去了。[24]

这两则故事的主人公都是妇女，她俩的共同特点是善良，堪称是中国茶文化史上真善美的化身。

应缘我是别茶人

茶与社会生活关系是如此密切，它成为馈赠亲友的礼品，也就是意料中的事。在历代诗文中，谢赠茶的文字，简直俯拾即是。

李白有《答族侄僧中孚赠玉泉仙人掌茶》诗，并冠以长序，文谓：

余闻荆州玉泉寺近清溪诸山，山洞往往有乳窟，窟中多玉泉交流……其水边，处处有茗草罗生，枝叶如碧玉。惟玉泉真公，常采而饮之，年八十余岁，颜色如桃李……余游金陵，见

宗僧中孚，示余茶数十片，拳然重叠，其状如手，号为仙人掌
茶，盖新出乎玉泉之山。旷古未觌，因持之见遗，兼赠诗，要
余答之，遂有此作。后之高僧大隐，知仙人掌茶，发乎中孚禅
子及青莲居士李白也。[25]

    从此诗可知，李白对李中孚和尚赠他稀见的茶是多么重视。
"仙人掌茶"的定名，正是出于李白的大手笔。

    茶固然可一人慢呷，但论情趣，恐怕总不如与友人共品。而烹
友人所赠之茶，更有一番情义在。白居易的《谢李六郎中寄新蜀
茶》谓：

> 故情周匝向交亲，新茗分张及病身。
>
> 红纸一封书后信，绿芽千片火前春。
>
> 汤添勺水煎鱼眼，末下刀圭搅曲尘。
>
> 不寄他人先寄我，应缘我是别茶人。[26]

    卢仝的《走笔谢孟谏议寄新茶》，是中国茶史上的名篇。诗谓：

> 日高丈五睡正浓，军将打门惊周公。
>
> 口云谏议送书信，白绢斜封三道印。
>
> 开缄宛见谏议面，手阅月团三百片。
>
> 闻道新年入山里，蛰虫惊动春风起。
>
> 天子须尝阳羡茶，百草不敢先开花。
>
> 仁风暗结珠琲瓃，先春抽出黄金芽。
>
> 摘鲜焙芳旋封裹，至精至好且不奢。
>
> 至尊之余合王公，何事便到山人家。

柴门反关无俗客，纱帽笼头自煎吃。

碧云引风吹不断，白花浮光凝碗面。

一碗喉吻润，两碗破孤闷。

三碗搜枯肠，惟有文字五千卷。

四碗发轻汗，平生不平事，尽向毛孔散。

五碗肌骨清。

六碗通仙灵。

七碗吃不得，惟觉两腋习习清风生。[27]

　　显然，卢仝是深知茶中三昧的。大诗人苏东坡游无锡惠山，钱道人烹小龙团茶招待他，东坡感念不已。写下《惠山谒钱道人烹小龙团登绝顶望太湖》诗："踏遍江南南岸山，逢山未免更留连。独携天上小团月，来试人间第二泉。石路萦回九龙脊，水光翻动五湖天。孙登无语空归去，半岭松声万壑传。"

　　既有赠茶，必有讨茶。古人讲究朋友之间有通财之谊，包括"肥马轻裘与共"，况茶乎！在古今嗜茶者中，最让人感慨的，是晚明昆山文人顾僧孺。在临终前，仍念念不忘向他的好友张大复讨梅花和茶。写下《乞梅茶帖》的绝笔。其帖云：

　　病寒发热，思嗅腊梅花，意甚切，敢移之高斋。更得秋茗啜之尤佳。此二事，兄必许我，不令寂寞也。雨雪不止，将无上元后把臂耶？[28]

　　张大复回忆说，此帖写于正月初五。待他因事从娄东归来，看到此帖，顾僧孺已先一天死去。而"此帖字画遒劲，不类病时作"，无怪乎大复感叹"人生奄忽如此，何以堪之！"[29]

《金瓶梅》插图：吴月娘扫雪烹茶

茶坊面饼硬如砖

自从茶馆出现，人们的交谊便又多了一处公共场所。据史料记载，唐代的长安已经有了吃茶店。北宋已出现茶坊。南宋的杭州，已经有了茶楼；但茶坊的叫法，仍很流行。大的茶坊，布置讲究，"张挂名人书画"[30]。但后来更流行的叫法是茶馆。明代张岱在《露兄》的短文中说："崇祯癸酉，有好事者开茶馆，泉实玉带，茶实兰雪，汤以旋煮无老汤，器以时涤无秽器，其火候、汤候，亦时有天合之者。余喜之，名其馆曰'露兄'，取米颠'茶甘露有兄'句也。为之作《斗茶檄》曰：'……八功德水，无过甘滑香洁清凉；七家常事，不管柴米油盐酱醋。一日何可少此，子猷竹庶可齐名；七碗吃不得了，卢仝茶不算知味。一壶挥麈，用畅清淡；半榻焚香，共期白醉。'"[31]而在城郊、乡间的茶馆，不但简陋，而且往往是多功能的。清初有人写打油诗形容苏州虎丘山山塘的茶馆，题名叫《茶馆》，但附注曰"兼面饼"。诗谓："茶坊面饼硬如砖，咸不咸兮甜不甜。只有燕齐秦晋老，一盘完了一盘添。"[32]当然，这是指的小茶馆。虎丘毕竟是江南名胜，繁华所在，大的茶馆自不会少。清中叶苏州才子顾禄记载"虎丘茶坊"说：

> 多门临塘河，不下十余处。皆筑危楼杰阁，妆点书画，以迎游客，而以斟酌桥东情园为最。春秋花市及竞渡市，裙屐争集。湖光山色，逐人眉宇。木樨开时，香满楼中，尤令人流连不置……费参诗云：过尽回栏即讲堂，老僧前揖话兴亡。行行小幔邀人生，依旧茶坊共酒坊。[33]

当年苏州茶馆情形，于此可见一斑。前者小茶馆是下层平民的驻足场所，后者豪华茶馆则是富裕阶层的雅集之处了。清代北京茶馆林立，有个叫怀献侯的人曾说："吾人劳心劳力，终日勤苦，偶于暇日一至茶肆，与二三知己瀹茗深谈，固无不可。乃竟有日夕流连，乐而忘返，不以废时失业为可惜者，诚可慨也！"[34]这是忠恳之论。与京师情形相类似的，是江南苏州。范烟桥谓："苏州人喜茗饮，茶寮相望，座客常满，有终日坐息于其间不事一事者。虽大人先生亦都纡尊降贵入茶寮者。或目为群居终日，言不及义。其实则否，实最经济之交际场、俱乐部也。"[35]

历史上，有不少人就是在茶馆相识，并结为契友的。如清初西北的著名学者王宏撰与李因笃，起初并不相识。有一天，偶然在长安（按：今西安）茶馆里碰到，隔桌搭话，各自猜想对方的姓名。等到问话后，都果然不差，从此成了好友。[36]

台榭秋深百卉空

国人交谊的另一个重要场所，便是园林。事实上，中国园林从本质上说，属于消费文化。人们在这里饮酒、喝茶、聊天、欢聚、送别等等，比起酒店、茶馆，更接近大自然，别有一番情趣。到了唐、宋、明时期，随着私人园林的勃兴，人们在园林中的聚会也就更加频繁。李白的《春夜宴从弟桃李园序》，编入《古文观止》，为人们所熟知，"会桃李之芳园，序天伦之乐事。群季俊秀，皆为惠连。……幽赏未已，高谈转清。开琼筵以坐花，飞羽觞而醉月"云云，不难想见李白等在园林聚会的快乐情景。李白还写有《携妓登梁王栖霞山孟氏桃园中》一诗，留下"梁王已去明月在，黄鹂愁醉啼春风"[37]的诗句。

明成化丁未（1487）进士石珤（字邦彦，藁城人）在《章锦衣园饯克温》诗中写道：

> 惜别驻郊坰，名园及璀璨。朱荣悬弱蕤，清樾护修干……妙舞出京洛，清歌彻云汉。探幽入虎谷，蹑蹬耸飞翰……主人爱真景，废榭临断岸。岂惟示朴淳，正欲知忧患。[38]

与石珤同时的进士吴俨（字克温，宜兴人，1457～1519），在《饮魏国园亭》诗中，写了深秋时在园亭中聚饮的感受。园中风景，映入眼前："台榭秋深百卉空，空庭惟有雁来红。曲池暗接秦淮北，小径遥连魏阙东。富贵岂争金谷胜，文章不与建安同。上公亭馆无多地，犹有前人朴素风。"[39] 弘治己未进士、官至南京总督粮储的宜兴人杭淮，在《饮胡梦竹园池次韵朱御史鹤坡》诗中，给我们描绘了南方园林冬日的景象。在这样的氛围中，友朋欢聚一堂，仍不失为良辰美景："……野光团细竹，云气薄层山。冻云仍余白，寒梅已破斑。"嘉靖时吴县人张元凯在《金陵徐园宴集分得壶字二首》中，使我们感受到园林的宏大气势，友情的热烈、温暖："庐橘园千顷，葡萄酒百壶。溪声来远瀑，云影曳流苏。花落纷迎蝶，萍流曲引凫。主人能好客，当代执金吾。"[40]

　　嘉靖壬辰（1532）进士、户部主事、无锡人王问（字子裕，1497～1576）的《宴徐将军园林作》，把明中叶达官、缙绅在园林中池畔置酒、堂上奏乐的豪华景象生动地再现出来。料想当时适逢其会的朋友，一定流连忘返："白日照名园，青阳改故姿。瑶草折芳径，丹梅发玉墀。主人敬爱客，置酒临华池。阶下罗众县，堂上弹清丝。广筵荐庶羞，艳舞催金卮。国家多闲暇，为乐宜及时。徘徊终永晏，不惜流景驰。"[41]

　　明代是中国园林发展史上的高峰。清承明制，随着经济、文化的恢复、发展，园林也逐渐兴旺起来，江南园林的风格，也传至北方。但从总体看来，并未超过明代。民国年间，虽然在大都市西洋园林也开始立足，但传统文人的结社、聚会，仍然喜欢在中国古典园林中。如南社二十周年时，社员的雅集，就是在虎丘度过的。范烟桥记述此事谓：

　　　　……地点在虎丘冷香阁。是日天忽大雨，然冒雨而至者仍有三十五人。……佩忍之女公子亨利女士，奔走招待，亦

颇辛勤，且饮酒甚多，兴会倍添。初拟于千人石上摄影，佩
忍、天笑怕走山路，止于靖园，未与。邵力子君、亨利女士怕
为雨淋，亦弗与。与者大半如水汤鸡，有张盖者，亦别开生面
矣。……谈话会中均主南社复兴。先成纪念刊，以岁底为止，
后因循未果焉。[42]

立限回京取纸牌

　　游戏在人们的交往中，起着一定作用。近半个世纪以来，扑
克、马将（即麻将），最为风行。扑克是舶来品，传进中土，大概
不过百年。马将的问世时间，学者尚无定论，大体是清朝中叶以
后。回顾历史，纸牌在民间的影响最为深远。其中的马吊，又称叶
子，更是风靡天下。明中叶的陆容记述谓：

> 斗叶子之戏，吾昆城（按：指昆山）上自士夫，下至童竖皆
> 能之。……阅其形制，一钱至九钱各一叶，一百至九百各一叶，
> 自万贯以上，皆图人形；万万贯呼保义宋江，千万贯行者武松，
> 百万贯阮小五，九十万贯活阎罗阮小七……一万贯浪子燕青。[43]

　　这种纸牌共四十页，玩时四人入局，人各八页，以大击小，变
化多端，饶有兴味。从南宋以来，《水浒》梁山好汉的故事，通
过《癸辛杂识》《宣和遗事》的流布，以及评书、戏曲等民间文艺
的传播，影响日深，从而在纸牌上打下烙印。明清之际的李式玉在
《四十张纸牌说》中谓："三十年来，马吊风驰几遍天下。"此说并
未夸张。大诗人吴梅村曾用拟人化手法，写了《叶公传》，说吴越
间人士"倾囊倒廋，穷日并夜，以为高会。入其坐者，不复以少长

贵贱为齿"[44]。叶子很快传到北方，连大学士周延儒也酷好此物，简直如痴如醉，明清之际的昆山文人周同谷记载：

> 壬午（按：崇祯十五年，即 1642 年）京师戒严，延儒奉命视师，上亲饯之，赐上方剑旌旗，呼拥甚盛。既出都百里，旗牌持令箭，飞马回京。大司马方退朝，遇之大骇，谓戎信孔迫也。都人惊疑相告，既而知为取纸牌诸弄具而已。[45]

这真是莫大的笑话。当时有人曾作诗讽刺道："令箭如飞骤六街，退朝司马动忧怀。飞来顷刻原飞去，立限回京取纸牌。"随着纸牌的发展，牌上的图案也不断变化，有的画上古代将相，有的画上甲第图，有的画上花鸟虫鱼之类。笔者幼时，还每见乡人在农闲及春节时玩此牌，俗称"看小牌"；牌上已不见宋江之流，而代之以花鸟之类图案。清初，马吊"又变为游湖之法"，"成牌曰湖"，慢慢发展成为马将。[46]诚然，无论是马吊还是马将，都具有赌博功能，有些昏昏然者甚至因沉湎其中而倾家荡产，乃至于自杀身亡。这种滥赌、狂赌是断不可取的。但马吊、马将之类，在文人、雅士手中，也确实起到了健脑益智、联络感情、增进友谊的作用。文学家巴人（即王任叔，1901～1972）更是位打马将的奇才。其友人周劭记曰：

> 那时（按：指抗战时期）文场上也有明末结社之风……六七人中，除了其中一人是"阳湖派"之外，都是浙东之氓。……赵景深……称这个小团体为"浙东学派"。……
> 巴人在数人中年事较长，我们大家又暗地知道他是党人，故虽是平辈之交，一切都马首是瞻……这个人天才横溢，似乎三

头六臂，不知有多少事务摆在他肩上，总能应付裕如，从不叫累。……我们集会时常打打不甚计输赢的小麻将，以免保打听、巡捕的麻烦而常至深夜。他那时任《申报》的《自由谈》编辑兼社论主笔……他撰写社论的时候是这样的：身不离牌桌，并不停止打牌，左手一杯绍兴（酒也），右手执笔落纸如飞，顷刻一挥而就；而"清一色""三番"也便同时和出来了。[47]

尽人皆知的是，1921年中国共产党在嘉兴南湖游船上秘密召开第一次代表大会时，也曾经以此作掩护。[48]马将在不同人的手中，起着不同的作用。1949年，国共两党在北平谈判期间，国民党代表刘斐在一次宴会上，曾以打马将为题问毛泽东，"是清一色好，还是平和好？"毛泽东答道："清一色难和，平和容易，还是平和好。"刘斐听后，豁然领悟，和谈失败后，决心留下来。[49]

注　释

［1］参阅夏家馂《中国人与酒》，中国商业出版社 1988 年版，第 188 页。

［2］《西湖散曲选》，浙江文艺出版社 1985 年版，第 111 页。

［3］张岱：《陶庵梦忆》卷三，上海古籍出版社 1982 年版，第 28—29 页。

［4］即著名画家陈老莲（1599～1652），名洪绶。

［5］张岱：《陶庵梦忆》卷三，上海古籍出版社 1982 年版，第 29 页。

［6］《稼轩长短句》卷四，上海人民出版社 1974 年版，第 48 页。

［7］钱谦益：《列朝诗集》丁卷一四，第 45 页。

［8］耐得翁：《古杭梦游录》，见《说郛》第 1 册，第 66 页。

［9］［10］沈德符：《万历野获编》补遗卷三，中华书局 1959 年版，第 900 页。

［11］顾公燮：《消夏闲记摘抄》。

［12］艾衲居士：《豆棚闲话》，上海古籍出版社 1983 年版，第 109 页。

［13］谢国桢：《明代社会经济史料选编》下册，福建人民出版社 1980—1981 年版，
　　　第 263 页。

［14］胡侍：《珍珠船》卷六。

［15］田艺蘅：《留青日札》卷二六。

［16］无名氏：《湖海新闻夷坚续志》前集卷一。

［17］吴自牧：《梦粱录》。

［18］王春瑜《开门七件事》，台湾地区《大成报》副刊 1990 年 10 月 17 日。

［19］胡山源：《古今茶事》，上海书店 1992 年版，第 165 页。

［20］《古今茶事》，第 150—160 页。

［21］古代"荼"与"茶"字通用，唐朝以后，始专用茶字。

［22］顾元庆：《云林遗事》，《说郛》第 9 册，第 1010 页。

［23］此处引文用陆羽《茶经》引《异苑》文，译文用蔡嘉德、吕维新《茶经语释》
　　　（农业出版社1984年版）第55页译文，但笔者有所订正。

［24］同上，第55—56页译文，但笔者有所订正。

［25］《全唐诗》卷一七八，李白，一八。

［26］同上书，卷四三九，白居易，一六。

［27］同上书，卷三八八，卢仝，二。

［28］［29］张大复：《梅花草堂笔谈》卷一四，上海古籍出版社1986年版，第884—
　　　885页。

［30］耐得翁：《古杭梦游录》，见《说郛》第1册，第66页。

［31］张岱：《陶庵梦忆》，第76页。

［32］艾衲居士：《豆棚闲话》，第101页。

［33］《清嘉录》，中国商业出版社1989年版，第292页。

［34］徐珂：《清稗类钞》第13册，中华书局1986年版，第6318页。

［35］范烟桥：《茶烟歇》，第185页。

［36］王晫：《今世说》，古典文学出版社1957年版，第79页。

［37］《全唐诗》卷一七九，李白，一九。

［38］石珤：《熊峰集》卷一，第6页。

［39］昊俨：《昊文肃摘稿》卷二，第6页。

［40］张元凯：《伐檀斋集》卷六，第8页。

［41］钱谦益：《列朝诗集》丁卷三，第14页。

［42］范烟桥：《茶烟歇》，159—160页。

［43］《菽园杂记》卷一四，中华书局1982年版。

［44］《梅村家藏稿》卷二六。

［45］周同谷：《霜猿集》。

［46］参阅王春瑜《从马吊到马将》，载《阿Q的祖先——老牛堂随笔》，第101—
　　　104页。

［47］周劭：《闲话皇帝》，上海书店出版社1994年版，第64—66页。

［48］沈也：《麻将秘诀》，湖南文艺出版社1991年版，第2—3页。

［49］周尚文：《中国共产党创业史》，上海人民出版社1991年版，第297页。

中国人的情谊

附 录

千秋自有名篇在

《友论》

按：《友论》，又名《交友论》，利玛窦集撰。此书成书于万历二十三年（1595），二十七年（1599）初刻，二十九年（1601）冯应京再刻，崇祯二年（1629）收入《天学初函》。以后多次翻印，有各种版本流传。利玛窦曾经夫子自道：这本书是"从我们会院书籍中找出的西洋格言或哲人的名句，加以修饰，适合中国人的心理而编写的"[1]。写书的动因，缘于利玛窦在南昌与建安王朱多㸅的频繁往来，并多次讨论交友之道。利玛窦的中国好友王肯堂在所著《郁冈斋笔塵》中曾谓："利子遗余《交友论》一编，有味哉，其言之也。使其素熟于中土语言文字，当不止是，乃稍删润著于篇。"可见本书经过王肯堂的加工，也是友谊的结晶。本书虽然并非专著，但毕竟是早期西方学者为中国读者写的第一本简明扼要的论交友的书，在历史上，曾经有过广泛的影响；今天看来，仍然有阅读价值。故特据"宝颜堂秘籍本"，标点后，附录于此，供读者参考。原书的小叙、题词、小引，均保留，俾窥全豹。

《友论》小叙

伸者为神，屈者为鬼。君臣、父子、夫妇、兄弟者庄事者也。

人之精神，屈于君臣、父子、夫妇、兄弟，而伸于朋友，如春行花内，风雷行元气内，四伦非朋友不能弥缝。不意西海人利先生乃见此。利先生精于天地人三才图，其学惟事天主为教，凡震旦浮屠老子之学，勿道也。夫天孰能舍人哉？人则朋友其最稠也。携李朱铭常，于交道有古人风，刻此书，真可补朱穆、刘孝标之未备，吾曹宜各置一通于座隅，以告世之乌合之交者。

仲醇陈继儒题

《友论》题词

盖自陈雷蔑闻，而公叔绝交，始有激论。以予所睹利山人集，友之益大哉，胡言绝也。班荆倾盖，结带之欢，讵惟是昔人有之，管鲍庆廉，迄于今日，此谊故多烈云。少陵诗曰："翻手作云覆手雨，纷纷轻薄何须数。"殆即伐木干糇之刺，用以示诫则可，倘执五交三衅而概谓四道，终不可几于世也，当不其然。

丁未新秋日朱廷策铭常文题于宝书阁

《友论》引

窦也，自大西航海入中华，仰大明天子之文德，古先王之遗教，卜室岭表，星霜亦屡易矣。今年春时，度岭浮江，抵于金陵，观上国之光，沾沾自喜，以为庶几不负此游也。远览未周，返棹至豫章，停舟南浦，纵目西山，玩奇挹秀，计此地为至人渊薮也，低回留之不能去。遂舍舟就舍，因而赴见建安王。荷不鄙，许之以长揖，宾序设醴欢甚。王乃移席握手而言曰："凡有德行之君子，辱临吾地，未尝不请而友且敬之。大西邦为道义之邦，愿闻其论友道何如。"窦退而从述曩少所闻，辑成友道一帙，敬陈于左。

友　论

利玛窦曰：吾友非他，即我之半，乃第二我也，故常视友如己焉。

友之于我，虽有二身，二身之内，其心一而已。

相须相佑，为结友之由。

孝子继父之所交友，如承受父之产业矣。

时当平居无事，难指友之真伪，临难之顷，则友之情显焉。盖事急之际，友之真者益近密，伪者益疏散矣。

有为之君子无异仇，必有善友。

交友之先宜察，交友之后宜信。

虽智者亦谬计，己友多乎实矣。（愚人妄自侈口，友似有而还无；智者抑或谬计，友无多而实少。）

友之馈友而望报，非馈也，与市易者等耳。

友与仇，如乐与闹，皆以和否辨之耳，故友以和为本焉。以和微业长大，以争大业消败。（乐以导和，闹则失和，友相和则如乐，仇不和则如闹。）

在患时，吾惟喜看友之面；然或患或幸，何时友无有益？忧时减忧，欣时增欣。

仇之恶以残仇，深于友之爱以恩友。岂不验世之弱于善，强于恶哉？

人事情莫测，友谊难凭，今日之友，后或变而成仇，今日之仇，抑或变而为友，可不敬慎乎？

徒试之于吾幸际，其友不可恃也。（脉以左手验耳，左手不幸际也。）

既死之友，吾念之无忧，盖在时我有之如可失，及既亡念之如犹在焉。

各人不能全尽各事，故上帝命之交友，以彼此胥助。若使除其道于世者，人类必散坏也。

可以与竭露发予心，始为知己之友也。

德志相似，其友始固。（叒也，双又耳，彼又我，我又彼。）

正友不常，顺友亦不常。逆友有理者顺之，无理者逆之，故直言独为友之责矣。

交友如医疾，然医者诚爱病者，必恶其病也。彼以救病之故，伤其体，苦其口，医者不忍病者之身，友者宜忍友之恶乎？谏之谏之，何恤其耳之逆，何畏其额之蹙。

友之誉，及仇之讪，并不可尽信焉。

友者于友，处处时时，一而已，诚无近远内外面背异言异情也。

友人无所善我，与仇人无所害等焉。

友者过誉之害，较仇者过訾之害犹大焉。（友人誉我，我或因而自矜；仇人訾我，我或因而加谨。）

视财势友人者，其财势亡，即退而离焉，谓既不见其初友之所以然，则友之情遂涣矣。

友之定，于我之不定事试之，可见矣。

尔为吾之真友，则爱我以情，不爱以物也。

交友使独知利己，不复顾益其友，是商贾之人耳，不可谓友也。（小人交友如放账，惟计利几何。）

友之物皆与共。

交友之贵贱，在所交之意耳，特据德相友者，今世得几双乎？

友之所宜，相宥有限。（友或负罪，惟小可容；友如犯义，必大乃弃。）

友之乐多于义，不可久友也。

忍友之恶，便以他恶为己恶焉。

我所能为，不必望友代为之。

友者古之尊名，今出之以售，比之于货，惜哉！

友于昆仑迩，故友相呼谓兄，而善于兄弟为友。

友之益世也，大乎财焉，无人爱财为财，而有爱友特为友耳。

今也友既没言，而谄谀者为佞，则惟存仇人，以我闻真语矣。

设令我或被害于友，非但恨己害乃滋，恨其害自友发矣。

多有密友，便无密友也。

如我恒幸无祸，岂识友之真否哉。

友之道甚广阔，虽至下品之人，以盗为事，亦必以结友为党，方能行其事焉。

视友如己者，则遐者迩，弱者强，患者幸，病者愈，何必多言耶？死者犹生也。

我有二友，相讼于前，我不欲为之听判，恐一以我为仇也。我有二仇，相讼于前，我可犹为之听判，必一以我为友也。

信于仇者犹不可失，况于友者哉？信于友不足言矣。

友之职，至于义而止焉。

如友寡也，予寡有喜，亦寡有忧焉。

故友为美友，不可弃之也。无故以新易旧，不久即悔。

既友，每事可同议定，然先须议定友。

友于亲，惟此长焉，亲能无相爱亲友者否？盖亲无爱亲，亲伦犹在，除爱乎友其友，理焉存乎？独有友之业能起。

友友之友，仇友之仇，为厚友也。（吾友必仁，则知爱人，知恶人，故我据之。）

不扶友之急，则临急无助者。

俗友者同而乐多于悦，别而留忧；义友者聚而悦多于乐，散而无愧。

我能防备他人，友者安防之乎？聊疑友，即大犯友之道矣。

上帝给人双目、双耳、双手、双足，欲两友相助，方为事有成矣。（友字古篆作芟，即两手也，可有而不可无。朋字古篆作羽，即两习也，鸟备之方能飞。古贤者视朋友，岂不如是耶？）

天下无友，则无乐焉。

以诈待友，初若可以笼人，久而诈露，反为友厌薄矣。以诚待友，初惟自尽其心，久而诚孚，益为友敬服矣。我先贫贱，而后富贵，则旧交不可弃，而新者或以势利相依。我先富贵，而后贫贱，则旧交不可恃，而新者或以道义相合。友先贫贱，而后富贵，我当察其情，恐我欲亲友，而友或疏我也。友先富贵，而后贫贱，我当加其敬，恐友防我疏，而我遂自处于疏也。

夫时何时乎？顺语生友，直言生怨。

视其人之友如林，则知其德之盛；视其人之友落落如晨星，则知其德之薄。

君子之交友难，小人之交友易；难合者难散，易合者易散也。

平时交好，一旦临小利害，遂为仇敌，由其交之未出于正也。交既正，则利可分，害可共矣。

我荣时，请而方来，患时不请而自来，夫友哉！

世间之物，多各而无用，同而始有益也。人岂独不如此耶？

良友相交之味，失之后愈可知觉矣。

居染廛而狎染人，近染色，难免无污秽其身矣。交友恶人，恒听视其丑事，必习之而浇本心焉。

吾偶遇贤友，虽仅一抵掌而别，未尝少无裨补，以洽吾为善之志也。

交友之旨无他，在彼善长于我，则我效习之，我善长于彼，则我教化之，是学而即教，教而即学，两者互资矣。如彼善不足以效习，彼不善不可以变动，何殊尽日相与游谑而徒费阴影乎哉？（无益之友，乃偷时之盗。偷时之损，甚于偷财；财可复积，时则否。）

使或人未笃信斯道，且修德尚危，出好入丑，心战未决于，以剖释其疑，安培其德，而救其将坠，计莫过于交善友。盖吾所数闻所数睹，渐透于膺，豁然开悟，诚若活法劝责吾于善也。严哉君子！严哉君子！时虽言语未及，怒色未加，亦有德威，以沮不善之为与。

尔不得用我为友，而均为妩媚者。

友者，相褒之礼易施也。夫相忍，友乃难矣。然大都友之皆感称己之誉，而忘忍己者之德。何欤？一显我长，一显我短故耳。

人人不相爱，则耦不为友。

临当用之时，俄识其非友也，悠矣。

务来新友，戒毋喧旧者。

友也，为贫之财，为弱之力，为病之药焉。

国家可无财库，而不可无友也。

仇之馈，不如友之棒也。

世无友，如天无日，如身无目矣。

友者既久，寻之既少，得之既难，存之或离于眼，即念之于心矣。

知友之益，凡出门会人，必图致交一新友，然后回家矣。

谀谄友，非友，乃偷者，偷其名而僭之耳。

吾福祉所致友，必吾灾祸避之。

友既结成，则戒一相断友情；情一断可以姑相著，而难复全矣。玉器有所黏恶，于观易散也，而寡有用耶？

医士之意，以苦药疗人病，谄友之向，以甘言长人愆。

不能友己，何以友人。

智者欲离浮友，且渐而违之，非速而绝之。

欲以众人交友则繁焉，余竟无冤仇则足已。

彼非友信尔，尔不得而欺之，欺之至，恶之之效也。

永德永友之美饵矣。凡物无不以时久为人所厌，惟德弥久弥感人情也。德在仇人犹可爱，况在友者欤？

历山王（大西域古总王）值事急，躬入大阵，时有弼臣止之曰："事险若斯，陛下安以免身乎？"王曰："汝免我于诈友且显仇也，自乃能防之。"

历山王亦冀交友，贤士名为善诺。先使人奉之以数万金，善诺怫而曰："王觊吾以兹意，吾何人耶！"使者曰："否也。王知夫子为至廉，是奉之耳。"曰："然则当容我为廉己矣。"而麾之不受。史断之曰：王者欲买士之友，而士者毋卖之。

历山王未得总值时，无国库，凡获财厚颁给与人也。有敌国王富盛，惟事务充库，讥之曰："足下之库在于何处？"曰："在于友心也。"

昔年有善待友而丰惠之，将尽本家产也。旁人或问之曰："财物毕与友，何留于己乎？"对曰："惠友之味也。"（别传对曰：留惠友之冀也。意俚异而均美焉。）

古有二人同行，一极富，一极贫。或曰二人为友至密矣，窦法德（古贤者名）闻之曰："既然，何一为富者，一为贫者哉？"（言友之物，皆与共也。）

昔有人求其友，以非义事而不见，与之曰："苟尔不与我所求，何复用尔友乎？"彼曰："苟尔求我以非义事，何复用尔友乎？"

西土之一先王，曾交友一士，而腴养之于都中。以其为智贤者，日旷弗见陈谏，即辞之曰："朕乃人也，不能无过，汝莫见之，则非智士也。见而非谏，则非贤友也。"先王弗见谏过，且如此，使值近时文饰过者当何如？

是的亚（是北方国名）俗，独多得友者，称之谓富也。

客力所（西国王名）以匹夫得大国，有贤人问得国之所行大旨，答曰："惠我友，报我仇。"贤曰："不如惠友而用恩，俾仇为友也。"

墨卧皮（古闻士者）折开大石榴，或人问之曰："夫子何物，愿获如其子之多耶？"曰："忠友也。"

万历二十三年岁次乙未三月望大西域山人利玛窦集。

《广绝交论》

按：这是中国文化史上的名篇，南朝刘峻[2]（462～521）作。据《后汉书》卷四三朱穆[3]（100～163）记载，朱穆任侍御史时，"感俗浇薄，慕尚敦笃，著《绝交论》以矫之"。刘峻的《广绝交论》，是朱穆《绝交论》的续篇。刘峻写作此文，与当年的朱穆一样，痛感世风日下，人与人的交往，利字当头，虚伪、奸诈，他力图通过此文振聋发聩，扭转社会风气。而据《南史·任昉传》记载，任昉[4]（460～508）为人慷慨，性喜交游，奖掖士友，不遗余力，"得其延誉者多见升擢"。特别是彭城人到溉、到洽兄弟，更与他过从甚密，并由他推荐，而当了高官。任昉一生廉洁，仗义疏财，两袖清风，死后家徒四壁，其子任西华，冬天连一件像样的棉衣都没有。而任昉的生平旧交，没有一个人伸出援手。有一次，刘峻路遇西华，见状，不禁感慨万千，"泫然矜之，乃广朱公叔《绝交论》"。刘峻此文直接抨击的对象是"一阔脸就变"的势利小人到溉、到洽兄弟，以致"到溉见其论，抵几于地，终身恨之"（刘璠：《梁典》），可见此文是击中要害的。当然，此文批判奸徒市侩的"利交"，提倡诚挚淳朴的"素交"，则具有深远的意义，即使在今天，仍然没有过时。《广绝交论》著录甚夥，这里依据的是南朝梁昭明太子萧统（501～531）编、唐朝李善注的《文选》卷五五论五[5]所载文。

广绝交论

刘孝标

　　客问主人曰："朱公叔《绝交论》为是乎？为非乎？"主人曰："客奚此之问？"客曰："夫草虫鸣则阜螽跃，雕虎啸而清风起。故絪缊相感，雾涌云蒸；嘤鸣相召，星流电激。是以王阳登则贡公喜，罕生逝而国子悲。且心同琴瑟，言郁郁于兰茝；道协胶漆，志婉娈于埙篪。圣贤以此镂金版而镂盘盂，书玉牒而刻钟鼎。若乃匠人辍成风之妙巧，伯子息流波之雅引。范张款款于下泉，尹班陶陶于永夕。骆驿纵横，烟霏雨散，巧历所不知，心计莫能测。而朱益州汨彝叙，粤谟训，捶直切，绝交游。比黔首以鹰鹯，媲人灵于豺虎。蒙有猜焉，请辨其惑。"

　　主人忾然而笑曰："客所谓抚弦徽音，未达燥湿变响；张罗沮泽，不睹鸿雁云飞。盖圣人握金镜，阐风烈，龙骧蠖屈，从道污隆。日月联璧，赞尧尧之弘致；云飞电薄，显棣华之微旨。若五音之变化，济九成之妙曲。此朱生得玄珠于赤水，谟神睿而为言。至夫组织仁义，琢磨道德，欢其愉乐，恤其陵夷。寄通灵台之下，遗迹江湖之上，风雨急而不辍其音，霜雪零而不渝其色，斯贤达之素交，历万古而一遇。逮叔世民讹，狙诈飚起，溪谷不能逾其险，鬼神无以究其变，竞毛羽之轻，趋锥刀之末。于是素交尽，利交兴，天下蚩蚩，鸟惊雷骇。然则利交同源，派流则异，较言其略，有五术焉：

　　若其宠钧董石，权压梁窦，雕刻百工，炉捶万物，吐漱兴云雨，呼噏下霜露。九域耸其风尘，四海叠其熏灼，靡不望影星奔，藉响川骛。鸡人始唱，鹤盖成阴；高门旦开，流水接轸。皆愿摩顶至踵，隳胆抽肠；约同要离焚妻子，誓殉荆卿湛七族。是曰"势交"，其流一也。

　　富埒陶白，赀巨程罗，山擅铜陵，家藏金穴，出平原而联骑，居里闬而鸣钟。则有穷巷之宾，绳枢之士，冀宵烛之末光，邀润屋之微泽。鱼贯凫跃，飒沓鳞萃，分雁鹜之稻粱，沾玉斝之余沥。衔恩遇，进款诚，援青松以示心，指白水而旌信。是曰"贿交"，其流二也。

　　陆大夫宴喜西都，郭有道人伦东国，公卿贵其籍甚，搢绅羡其登仙。加以敛颐魇颔，涕唾流沫，骋"黄马"之剧谈，纵"碧鸡"之雄辩。叙温郁则寒谷成暄，论严苦则春丛零叶，飞沉出其顾指，荣辱定其一言。于是有弱冠王孙，绮纨公子，道不挂于通人，声未遒于云阁，攀其鳞翼，丐其余论，附驵骥之旌端，轶归鸿于碣石。是曰"淡交"，其流三也。

　　阳舒阴惨，生民大情；忧合欢离，品物恒性。故鱼以泉涸而煦沫，鸟因将死而鸣哀。同病相怜，缀《河上》之悲曲；恐惧寘怀，昭《谷风》之盛典。斯则断金由于湫隘，刎颈起于苫盖。是以伍员濯溉于宰嚭，张王抚翼于陈相。是曰"穷交"，其流四也。

　　驰骛之俗，浇薄之伦，无不操权衡，秉纤纩。衡所以揣其轻重，纩所以属其鼻息。若衡不能举，纩不能飞，虽颜冉龙翰凤雏，曾史兰薰雪白，舒向金玉渊海，卿云黼黻河汉，视若游尘，遇同土梗；莫肯费其半菽，罕有落其一毛。若衡重锱铢，纩微影撇，虽共工之搜慝，欢兜之掩义，南荆之跋扈，东陵之巨猾，皆为繭蜀逶迤，折枝舐痔；金膏翠羽将其意，脂韦便辟导其诚。故轮盖所游，必非夷惠之室；苞苴所入，实行张霍之家。谋而后动，毫芒寡忒。是曰"量交"，其流五也。

凡斯五交，义同贾鬻。故桓谭譬之于阛阓，林回喻之于甘醴。夫寒暑递进，盛衰相袭。或前荣而后悴，或始富而终贫，或初存而末亡，或古约而今泰。循环翻覆，迅若波澜。此则殉利之情未尝异，变化之道不得一。由是观之，张陈所以凶终，萧朱所以隙末，断焉可知矣！而翟公方规规然勒门以箴客，何所见之晚乎？

因此五交，是生三衅；败德殄义，禽兽相若，一衅也。难固易携，仇讼所聚，二衅也。名陷饕餮，贞介所羞，三衅也。古人知三衅之为梗，惧五交之速尤，故王丹威子以槚楚，朱穆昌言而示绝。有旨哉，有旨哉！

近世有乐安任昉，海内髦杰。早绾银黄，凤昭民誉。道文丽藻，方驾曹王；英跱俊迈，连横许郭。类田文之爱客，同郑庄之好贤；见一善则盱横扼腕，遇一才则扬眉抵掌。雌黄出其唇吻，朱紫由其月旦。于是冠盖辐凑，衣裳云合；辎軿击毂，坐客恒满。蹈其闶阆，若升阙里之堂；入其隩隅，谓登龙门之阪。至于顾眄增其倍价，剪拂使其长鸣，影组云台者摩肩，趋走丹墀者叠迹。莫不缔恩狎，结绸缪，想惠庄之清尘，庶羊左之徽烈。

及瞑目东粤，归骸洛浦。穗帐犹悬，门罕渍酒之彦；坟未宿草，野绝动轮之宾。藐尔诸孤，朝不谋夕，流离大海之南，寄命瘴疠之地。自昔把臂之英，金兰之友，曾无羊舌下泣之仁，宁慕邴成分宅之德？

呜呼！世路险巇，一至于此！太行孟门，岂云艰绝？是以耿介之士，疾其若斯，裂裳裹足，弃之长骛。独立高山之顶，欢与麋鹿同群，皭皭然绝其雾浊。诚耻之也！诚畏之也！

《绝交书》

按：关于《绝交书》的来龙去脉，见本书"救友与卖友"之"卖友"一小节。陈梦雷的这篇《绝交书》及另一篇《告都城隍文》，对于李光地欺君卖友、贪天之功为己有的卑劣行径，予以系统揭露，悲愤之情，令人有字字血泪之感。这是继《广绝交论》后又一篇很有影响的文章，对李光地韋假道学是有力的鞭挞。本文见陈梦雷《闲止书堂集钞》卷一。此书流传甚稀，上海古籍出版社1979年据苏州市图书馆藏清康熙刻本影印，笔者即据此本转录，并标点、注释。还需一提的是，雍正帝上台后，政局剧变，陈梦雷又遭谴责，复谪戍黑龙江，乾隆六年（1741）卒于戍所。难能可贵的是，陈梦雷的仆人杨昭将其一些手稿抄录，编成此书，并于康熙癸酉（1693）年刻于福州。此岂仅忠于故主之行哉，情长谊深，堪称义薄云天也。

绝交书

陈梦雷

不孝学识庸陋，稚年得谬通籍，性复刚褊寡合，不能与俗俯仰。老年兄以桑梓巨望，道貌冲和，折节下交，每以远大相许，不孝亦不自量其瞀暗，思托附骥尾，相与有成，每探赜析微，穷极理性，罔间晨夕。自谓针芥之投，庶几终始也，岂意蠢险易操，初终殊态，猜忮其心，险幻其术，几陷不孝丧身覆巢而不悔也。呜呼痛哉！不孝释系之日，不胜愤懑，号于司寇（按：指徐乾学），然粗述相负大略耳，其于不可告人之隐，犹未忍宣之于众也。而老年兄怙终迷复，善于饰非文过，不稍自加咎省，窃恐不孝虽钳口结舌于绝域，而乡里愤悱，朝绅公论，从此而起，九皋闻天，或至对簿指摘，则交谊瓦裂，厚道陵替，由后追昔，岂不怆然！是用布其巅末，鲜所忌讳，惟老年兄平心静气察之，幸甚！

昔甲寅之变，不孝遁迹僧寺，逆党刃胁老父追寻，不孝挺身往代，刀铍林立，踝尸贱血，不孝恬不为动，见贼不跪，语不为屈，以为苟得全亲，一身死不足恨耳。逆怒，将寘于刑，已复放归。不孝即削发披缁，杜门旬日。逆贼分曹授官，不以相及，自幸得免贼臣。教以遍加网罗，防杜不测，遂胁以伪官。然不孝就拘而往，不受事而归，辞其印札，不赴朝贺，瘠形托病，三年一日，此通国所共闻，有心所共叹，不假不孝一二谈也。年兄家居安溪，在六百里之外，万山之中，地接上游，举族北奔，非有关津之阻，徜徉泉石，未有微檄之来，顾乃翻然勃然，忘廉耻之防，拘贪冒之见，轻身杖策，其心殆不可问。而不孝以素所钦仰之心，犹曲为解谅，谓不过为怯耳，故六年叔初来，不孝即毅然以大义相责，令速归劝阻，又恐年叔不能坚辞，不足动听，复遣使辅行，而年兄已高巾褒袖，见耿逆而来矣。不孝方食，骇懑投匕而起，然思只手回天，孤立无辅，举目异类，莫输肺腑，冀年兄至性未灭，愚诚可感，庶几将伯之助，故严词切责，怒发上指，声与泪俱。先慈恐不孝激烈难堪，遣人呼入。家严出，以婉词相讽，至自述老朽布衣受封，已甘与儿辈阖门其毙，年兄亦为改容。家严乃呼不孝出，与年兄共议，促膝三日，凡耿逆之狂悖，逆帅之庸暗，与夫虚实之形，间谍之计，聚米画灰，靡不备悉。不孝又谓以皇上聪明神武，天道助顺，诸逆行次第削平，矧小丑区区，运之掌股者哉。年兄犹以为落落难合，及不孝引杨道声与年兄抵足一夕，年兄既深服其才，且见其胜国衣冠之遗，犹有不屑与贼共事之意，始信前言。不孝于是定计。不孝身在虎穴，当结杨道声以溃其腹心，离耿继美以翦其羽翼，阴合死士，以待不时之应。年兄遁迹深山，间道通信，历陈贼势之空虚，与不孝报称之实迹，庶几稍慰至尊南顾之忧。年兄犹虑既行之后，逆贼有意外之诛，求欲受一广文以归。不孝谓不得一洁身事外之人，军前不足以取信，若后有征召，当坚以病辞。万一贼疑怒至，发兵拘捕，吾宁扶病而出，以全家八口为保，年兄始慨任其事。临行之日，不孝诀曰：他日幸见天日，我之功成，则白尔之节，尔之节显，则述我之功。倘时命相佐，郁郁抱恨以终，后死者当笔之于书，使天下后世，知国家养士三十余年，海滨万里外，犹有一二孤臣，死且不朽。呜呼！当此之时，不孝扬眉怒目，陨涕歔歔，天地为之含愁，鬼神为之动色，凡有血气，闻之当无不扼腕酸心，捐躯赴义者。呜呼！息壤在彼，而忍忘之乎？年兄既行，耿郑构兵，音耗莫通。不孝两次遣人出关，终不得达意，年兄当已代陈天听，而年兄犹豫却顾，及至耿逆败衄，闻招抚之令，始遣纪纲抵省，谓不孝能劝谕归诚，乞与其名。噫嘻！不孝托病拒逆，何由进帷幄之言？年兄身在泉郡，何由预劝降之策？其为术岂不疏乎！然不孝所喜者，年兄已乃心王室，意在见功，事蔑不济。而彼时耿逆猜忌方深，城析严密，片纸只字，不能相通。且纪纲颇称解事，可宣心腹，因备告以耿逆势未穷蹙，不肯归诚，今幸耿继美已被离间，出镇浦城，内生疑端，海贼虽已连和，彼止未忘瑕衅，不若各散流言，使二逆相图，以分兵势。一面遣人由山路迎请大兵，道由杉关，一鼓可下。若临城不顺，则内应在我，反复叮咛，两日遣归。盖自张诰回后，不孝方幸年兄之克有成功，而不虞其万一相负也。亲王入境，年兄抵省相见，乃诡言谓尔时假道汀州，恐为耿氏捉获，则我幸全，尔立斋粉矣。今幸同见天日，尔报国之事非一，吾当一一入告，尔俟吾奏闻之后，然后进都。又作诗相赠，不讳省中誓约之言，美不孝反周为唐之功，不孝亦遂安心以待，岂疑有护短贪功之意乎！

　　丁巳之秋，与年兄束装赴阙，而年兄以闻讣归。不孝见年兄方寸已乱，不复与商，遂以戊午之春，入都请罪，盖亦自信三年心迹，舆论共嗟，不必待人而白，初不料道路阻隔，之先京师之讹言百出也。及到始知，以陈昉姓名之故，误指不孝曾为伪学士，殊为骇，然而铨部无据，呈代题之例，吾乡抚军，又易新任，于是遣人具呈归家，盖将以具疏可否，请于抚军，然后诣阙。席薰在都，僦邸闭户，公卿大臣，未通一刺，一二师友通问，不孝一语不及年兄。今从前在都诸公，历历可闻耳。不孝家人归时，值年兄以通道迎请将军事，闻上重念年兄从前请兵之劳，温纶载锡，晋秩学士，亲王（按：指康亲王杰书）亦信年兄昔日之节，亲属子弟，皆借军功给札委官，昆从显荣，僮仆焜耀，是不孝无功于国家，而所造于年兄者，岂鲜浅哉！夫酌清泉者必惜其源，荫巨枝者必护其根，年兄当此清夜自省，宜何如报德也！乃功高不赏，但思抑不孝，以掩其往事之愆。时家严以抚军在泉，遣使具呈，请咨到京，而年兄竟留其呈词，不令投致，巧延家人，三月不遣。又恐同人别为介绍，贻书巧说，阻其先容。不孝在都半载，不闻音耗，五千里远道，彷徨南归。呜呼！年兄竟用心至此耶！所幸者宁海将军（按：指贝子傅喇塔）驻师泉郡，时或误传不孝入都道毙者，泉之人士，扼腕嗟叹，嚣然谓学士辞伪请白，实由陈某，今不为代白，使郁郁赍恨而死，天道宁可复问！语闻将军，询于年叔，而年叔亦抱不平之愤，慷慨为述始末，遂使不孝数载不发之隐衷，一旦暴于年兄家庭之口，斯盖冥冥之中，哀愚忠之被抑，忌凉薄之满盈，天牖其衷，非人力所能损益也。不孝抵家，将军招至军前，恩礼有加，罔测其故，尚意为年兄揄扬之过，戴德不遑，而年兄抵郡，不思事由公论所致，但疑不孝泄其语于将军，阳为具揭代白，而于吴都统及内阁觉公之前，阴行排谤，二公窃笑而已。及至具揭之日，将军都统面诘年兄之负心，年兄惭惶引咎，自许入都代陈。不孝见揭帖不尽隐讳，心犹信之。及觉公语以将军得闻始末之由，且述年兄向渠极言不孝入都托足无门，至为师友所厌，皆劝令南归，而泉之人士，皆谓将军已悉其详，故年兄不敢讳，其具揭实非本心，不过留不孝军前，以阻入都之路者。不孝闻之惘然惊惋，不食积日。盖自是始知年兄用心之险，然未敢尽以为信也。不孝疏上，奉严旨年兄入都，遂赵趄嗫嚅，竟负将军、都统面约之言。及徐弘弼状下，于理不孝缮疏自明，年兄排闼直入力阻后，潜具密疏，草率了事，而不孝已逮西曹矣。年兄疏上，益都（按：指冯溥）骇叹，谓陈某苦心至此，而厚庵（按：李光地号厚庵）前乃语我陈某十七年入都，为耿逆探听消息，前后何剌谬耶！不孝闻之，举以相质，年兄巧于回护，谓益都高年听闻之误。不孝心虽疑之，然事非情理所堪，犹愿其或不出此也。不孝既坐系，廷讯在即，年兄慰劳，坚称徐弘弼所告赦后谋叛，原与不孝无涉，枢部因疏内有名，一概混拘，不由上意，一讯即释，不必多言。指天誓日，厚貌深文，足以动人听信。不孝智昏神昧，始终受欺，对鞫之日，指斥逆党，而赦后之事，置不与争。又思宁人负我，毋我负人，事既得白，年兄行藏，不肯一述于众听。一念坚忍，竟陷不测之罪，呜呼痛哉！

　　不孝三载千辛百折，寝食不宁，使其鹬蚌相持，腹心内溃，孙武之死，间直以八口之性命殉之，卒之王师入境，由海寇掣肘于后，耿继美纳款于前，万里孤臣，未尝无藉乎以报圣明万一。然先事未达于宸聪，使血诚一无可据，而梓里传闻，皆知不孝外示病羸，阴约内应，诸逆震骇，怒目劘牙，卒受其先发制人之毒，事又固然，又何怪乎！使年兄不受约于先，则不孝当别遣人通信，不许代白于后，则不孝当早进京自明，徐弘弼诬告之言，何自至哉。即使其初相误，非出有心，使不孝对鞫之时，知徐弘弼以赦后事诬告，则亲王入境，不孝曾启陈诸逆帅观望可疑，宜加防备，逆贼水师战船，宜早收罗，徐弘弼所告在十六年之后，不孝具启在十五年之冬，举此一端，足破其妄，何俟指陈纤悉，以累朋友之清节高名乎？

爱书既定，朝野有心莫不愤叹。年兄不自咎悔，对人反责不孝以十四年纪纲到省，不与回书，且责不孝以不死以自明，其易地必死也。呜呼！捐躯致命，唯事后始可相信，安有责人以死，而人遂信其能死者乎？姑无论六百里望风委赞，能死与否，人臣当万死一生之际，一饭不忘君，用间出奇，忘身冒险，天地鬼神，共临共鉴，亦安在其必死也？至于纪纲回郡，未有回书，三日促膝之谈，何事不悉耶？凡人交际，琐屑尚不肯尽形笔墨，不孝所约何等事也，敢宣尺牍乎！年兄片纸相投，亦不过寒温数语，其劝谕耿逆之言，亦自口致，假设不孝裁答其肯綮，亦不敢笔之于书，负心者出以示人，是请兵一事，与不孝渺不相关之确据也。自不孝定案之后，涉历寒暑，年兄遂无一介通音问，其视不孝，不啻握粟呼鸡，槛羊哺虎，既入坑窖，不独心意不属，抑且舞蹈渐形，盖从前牢笼排挤之大力深心，至是而高枕矣。及六年叔入都，亲临慰视，激烈抵掌，欲叫阍代请，而年兄坚谓事已得释，若重读圣听，恐反滋疑事，脱有不测，吾焉肯相负？遂使年叔不敢轻为举措，挥泪而别。

今岁之春，闻上问者再至矣，诸王大臣，未见密疏，何所容议？然奏请者有人，援引释放之例者有人，年兄此时，身近纶扉，缩颈屏息，噤不出一语，遂使圣主高厚之恩，仅就免死减等之例，使不孝身沦厮养，迹远边庭，老母见背，不能奔丧，老父倚闾，不能归养。而此时年兄晏然拥从鸣驺，高谈阔步，未知对子弟何以为辞？见仆妾何以为容？坐立起卧，俯仰自念，果何以为心耶？夫忘德不酬，视危不救，鄙士类然，无足深责。乃若悔从前之妄，护

已往之尤，忌共事之分功，肆下石以灭口，君子可逝不可陷，其谁
能堪此也！独不思当日往返，众目共瞻，今不惜舆论之是非，但思
抑一人以塞漏，遂至巧言以阻察友，而不计人议己之薄，造端以欺
师相，而不虑人疑己之诬，阳为阴排于大帅之前，而不思人恶我之
反复，掩耳盗铃，畏影却走，平日读书何事，谈理何功，岂非所谓
目察秋毫，而不见其睫者耶？呜呼！年兄至是已矣。知人实难，择
交匪易，张陈凶终，萧朱隙末，读书论世，谓其名利相轧，苟一能
甘心逊让，何至有初鲜终？岂知一意包容，甘心污斥，而以德为
怨，祸至此极？向使与年兄非同年、同里、同官，议论不相投，性
情不相信，未必决裂至此，迥思十载襟期，恍如一梦，人生不幸，
宁有是哉！不孝将吁疏呼冤，则非臣子思过之义，将昌言示众，则
非绝交不出恶声之仁。诚恐回遹毕露，掩覆末由，悔吝孔多，噬脐
将及。每追昔日晨夕过从之欢，览张陈萧朱之戒，可为于邑，是以
陈书谢绝，兼布腹心，或者年兄戒迷，复之凶敦报德之义，溯泉荫
之本源，悔下石之机智，补牍详陈，无所隐讳，免冠引咎，积诚动
天，圣主必嘉其逊让，朝野亦颂其义声，失之东隅，收之桑榆，则
改过不吝，有光古人，不孝虽已割席，敢不拜在下风，以承嘉誉。
承惠资斧，已藉郑肇老先生代璧。执鞭之暇，聊致区区，西向挥
涕，不知所云。

注　释

[1]《利玛窦全集》IV，1986 年版，第 258 页。

[2] 字考标，平原人。传见《梁书》卷五〇。

[3] 字公叔，南阳人。

[4] 字彦升，博昌人。

[5] 上海古籍出版社 1986 年版，第 2365—2380 页。此处删去注文、考异部分，以省篇幅。